行水云课数字教材

"十四五"职业教育国家规划教材配套教材

高等职业教育水利类新形态一体化教材

水利工程制图习题集

（第五版）

主　编　庞　璐　沈蓓蓓　李炽岚
副主编　李　丽　刘庭想　余丹丹
参　编　贺荣兵　陈丽娟

中国水利水电出版社
www.waterpub.com.cn
·北京·

内容提要

本习题集为“十四五”职业教育国家规划教材《水利工程制图（第五版）》的配套教材，是高等职业教育水利类新形态一体化教材，是以《高等学校工程专科土木建筑制图教学基本要求》为主要依据编写完成的。本习题集共十章，内容包括：制图的基本知识，投影的基本知识，点、线、面的投影，轴测图，组合体，视图、剖视图和断面图，标高投影，水利工程图，AutoCAD 2022 绘图和中望CAD 基础简介。本习题集还配套数字资源，读者可通过“行水云课”平台进行学习。

本习题集可作为高等院校、高等职业技术院校及广播电视大学等水利类专业的工程制图配套习题集，也可以供其他工程技术人员阅读参考。

图书在版编目（CIP）数据

水利工程制图习题集 / 庞璐，沈蓓蓓，李炽岚主编. -- 5版. -- 北京 : 中国水利水电出版社，2023.8(2024.7重印).
“十四五”职业教育国家规划教材配套教材 高等职业教育水利类新形态一体化教材
ISBN 978-7-5226-1221-8

Ⅰ. ①水… Ⅱ. ①庞… ②沈… ③李… Ⅲ. ①水利工程—工程制图—高等职业教育—习题集 Ⅳ. ①TV222.1-44

中国国家版本馆CIP数据核字(2023)第003360号

书　　名	“十四五”职业教育国家规划教材配套教材 高等职业教育水利类新形态一体化教材 **水利工程制图习题集（第五版）** SHUILI GONGCHENG ZHITU XITIJI (DI-WU BAN)
作　　者	主编　庞　璐　沈蓓蓓　李炽岚
出版发行	中国水利水电出版社 （北京市海淀区玉渊潭南路1号D座　100038） 网址：www.waterpub.com.cn E-mail：sales@mwr.gov.cn 电话：(010) 68545888（营销中心）
经　　售	北京科水图书销售有限公司 电话：(010) 68545874、63202643 全国各地新华书店和相关出版物销售网点
排　　版	中国水利水电出版社微机排版中心
印　　刷	北京印匠彩色印刷有限公司
规　　格	370mm×260mm　横8开　13.5印张　93千字
版　　次	2010年8月第1版　2010年8月第1次印刷 2023年8月第5版　2024年7月第2次印刷
印　　数	4001—8000册
定　　价	**49.00元**

第五版前言

本习题集以《高等学校工程专科土木建筑制图教学基本要求》为主要依据，根据高职高专对培养人才的规格要求，由湖北水利水电职业技术学院庞璐教授牵头组织编写。与之相配套的《水利工程制图（第五版）》教材及配套数字资源也由中国水利水电出版社同时出版发行。本套教材可与教育部现代远程资源建设办公室发布的《水利工程制图》网络在线开放课程配套使用。

本习题集采用了最新的国家标准和行业标准，进一步突出以形体为主线，以图示法为重点的原则。根据“立体—基本几何体组合体工程形体—组合体—工程形体”为主线编排习题集，让学生先从感性上学会形体分析的画图和读图方法。然后再通过学习点、线、面的投影规律，掌握正投影的基本理论，让学生从理性上进一步掌握形体分析的方法，学会线面分析的画图和读图方法。在编写过程中以必须、够用为度，力求做到内容精练，概念清楚，注意实用性，反映高职特色。

本习题集由庞璐教授、沈蓓蓓副教授、李炽岚副教授任主编，李丽、刘庭想、余丹丹任副主编。具体分工如下：第一章、第六章由李丽、陈丽娟编写；第二章、第五章、第七章由庞璐编写；第八章由庞璐、刘庭想编写；第三章、第四章由李炽岚、贺荣兵编写；第九章由沈蓓蓓、余丹丹编写；第十章由余丹丹编写。

在本习题集的编写过程中，编者参考了国内众多习题集，在此深表感谢。

编写一套具有高职特色和专业特色的《水利工程制图》教材，是我们孜孜以求的目标。在前 4 版推广使用中，尤其是在疫情期间，网络在线开放课程取得了良好的教学效果，获得了同行的一致好评。但限于编写时间和编写水平，书中难免存在不当或错误之处，恳请读者批评指正。

编者

2022 年 8 月 25 日于武汉南湖

第四版前言

本习题集以《高等学校工程专科土木建筑制图教学基本要求》为主要依据，根据高职高专对培养人才的规格要求，由湖北水利水电职业技术学院庞璐教授牵头组织编写。与之相配套的《水利工程制图（第四版）》及配套数字资源也由中国水利水电出版社同时出版发行，读者可通过“行水云课”平台进行学习。本套教材可与教育部现代远程资源建设办公室发布的《水利工程制图》网络在线开放课程配套使用。

本习题集采用了最新的国家标准和行业标准，进一步突出以形体为主线，以图示法为重点的原则。根据“立体—基本几何体组合体工程形体—组合体—工程形体”为主线编排习题集，让学生先从感性上学会形体分析的画图和读图方法。然后再通过学习点、线、面的投影规律，掌握正投影的基本理论，让学生从理性上进一步掌握形体分析的方法，学会线面分析的画图和读图方法。在编写过程中以必须、够用为度，力求做到内容精练，概念清楚，注意实用性，反映高职特色。

本习题集由庞璐教授、沈蓓蓓副教授、李炽岚副教授任主编，李丽、刘庭想、余丹丹任副主编。具体分工如下：第一章、第六章由李丽、陈丽娟编写；第二章、第五章、第七章由庞璐编写；第八章由庞璐、刘庭想编写；第三章、第四章由李炽岚、贺荣兵编写；第九章由沈蓓蓓、余丹丹编写；第十章由庞璐、沈蓓蓓、刘庭想编写。

在本习题集的编写过程中，编者参考了国内众多习题集，在此深表感谢。

编写一套具有高职特色和专业特色的《水利工程制图》教材，是我们孜孜以求的目标。在前3版推广使用中，尤其是在疫情期间，网络在线开放课程取得了良好的教学效果，获得了同行的一致好评。但限于编写时间和编写水平，书中难免存在不当或错误之处，恳请读者批评指正。

编者

2021年3月1日于武汉南湖

第 三 版 前 言

本习题集以《高等学校工程专科土木建筑制图教学基本要求》为主要依据，根据高职高专对培养人才的规格要求，由湖北水利水电职业技术学院工程CAD与图学教研室组织编写。与之配套的《水利工程制图（第三版）》教材（含MCAI多媒体教学辅导系统光盘）也由中国水利水电出版社同时出版。本套教材可与教育部现代远程资源建设办公室发布的《水利工程制图》网络课程配套使用。

在制作的同名网络课程的基础上，又研制开发了《水利工程制图》MCAI多媒体教学辅导系统，利用计算机辅导学生完成作业和解答疑难问题。MCAI课件中以图片、图像、文字、三维模型等多媒体技术，模拟习题整个解答过程。该系统既可用于学生自学或课外辅导，又可用于教师在多媒体教育授课。

本习题集采用了最新的国家标准和行业标准，进一步突出以形体为主线，以图示法为重点的原则。根据“立体—基本几何体—组合体—工程形体”为主线编排习题集，让学生先从感性上学会形体分析的画图和读图方法。然后再通过学习点、线、面的投影规律，掌握正投影的基本理论，让学生从理性上进一步掌握形体分析的方法，学会线面分析的画图和读图方法。在编写过程中以必须、够用为度，力求做到内容精练，概念清楚，注意实用性，反映高职特色。

本习题集由庞璐、沈蓓蓓、李炽岚任主编，晏孝才、李丽、余丹丹任副主编。具体分工如下：第一章、第六章由李丽、陈丽娟编写；第二章、第五章、第七章、第八章由庞璐、晏孝才编写；第三章、第四章由李炽岚、贺荣兵编写；第九章由沈蓓蓓、余丹丹编写。

在本习题集的编写过程中，编者参考了国内众多习题集，在此深表感谢。

编写一本具有高职特色和专业特色的《水利工程制图习题集》，是我们孜孜以求的目标。湖北水利水电职业技术学院开发的同名网络课程与自编教材的配套试运行多年，取得了良好的教学效果，并获得了同行的一致好评。但限于编写时间和编写水平，书中难免存在不当或错误之处，恳请读者批评指正。

编者

2015年3月1日于武汉南湖

第二版前言

本习题集以《高等学校工程专科土木建筑制图教学基本要求》为主要依据，根据高职高专对培养人才的规格要求，由湖北水利水电职业技术学院工程CAD与图学教研室组织编写。与之配套的《水利工程制图（第二版）》教材（含MCAI多媒体教学辅导系统光盘）也由中国水利水电出版社同时出版。本套教材可与教育部现代远程资源建设办公室发布的《水利工程制图》网络课程配套使用。

在制作的同名网络课程的基础上，又研制开发了《水利工程制图》MCAI多媒体教学辅导系统，利用计算机辅导学生完成作业和解答疑难问题。MCAI课件中以图片、图像、文字、三维模型等多媒体技术，模拟习题整个解答过程。该系统既可用于学生自学或课外辅导，又可用于教师在多媒体教育授课。

本习题集采用了最新的国家标准和行业标准，进一步突出以形体为主线，以图示法为重点的原则。根据“立体—基本几何体—组合体—工程形体”为主线编排习题集，让学生先从感性上学会形体分析的画图和读图方法。然后再通过学习点、线、面的投影规律，掌握正投影的基本理论，让学生从理性上进一步掌握形体分析的方法，学会线面分析的画图和读图方法。在编写过程中以必须、够用为度，力求做到内容精练，概念清楚，注意实用性，反映高职特色。

本习题集由庞璐、沈蓓蓓、李炽岚任主编，晏孝才、李丽、余丹丹任副主编。具体分工如下：第一章、第六章由李丽、陈丽娟编写；第二章、第五章、第七章、第八章由庞璐、晏孝才编写；第三章、第四章由李炽岚、贺荣兵编写；第九章由沈蓓蓓、余丹丹编写。

在本习题集的编写过程中，编者参考了国内众多习题集，在此深表感谢。

编写一本具有高职特色和专业特色的《水利工程制图习题集》，是我们孜孜以求的目标。湖北水利水电职业技术学院开发的同名网络课程与自编教材的配套试运行多年，取得了良好的教学效果，并获得了同行的一致好评。但限于编写时间和编写水平，书中难免存在不当或错误之处，恳请读者批评指正。

编者

2013年3月1日于武汉南湖

第一版前言

本习题集以《高等学校工程专科土木建筑制图教学基本要求》为主要依据，根据高职高专对培养人才的规格要求，由湖北水利水电职业技术学院工程CAD与图学教研室组织编写。与之配套的《水利工程制图》教材（含MCAI多媒体教学辅导系统光盘）也由中国水利水电出版社同时出版。本套教材可与教育部现代远程资源建设办公室发布的《水利工程制图》网络课程配套使用。

在制作的同名网络课程的基础上，又研制开发了《水利工程制图》MCAI多媒体教学辅导系统，利用计算机辅导学生完成作业和解答疑难问题。MCAI课件中以图片、图像、文字、三维模型等多媒体技术，模拟习题整个解答过程。该系统既可用于学生自学或课外辅导，又可用于教师在多媒体教室授课。

本习题集采用了最新的国家标准和行业标准，进一步突出以形体为主线，以图示法为重点的原则。根据“立体—基本几何体—组合体—工程形体”为主线编排习题集，让学生先从感性上学会形体分析的画图和读图方法。然后再通过学习点、线、面的投影规律，掌握正投影的基本理论，让学生从理性上进一步掌握形体分析的方法，学会线面分析的画图和读图方法。在编写过程中以必须、够用为度，力求做到内容精练，概念清楚，注意实用性，反映高职特色。

本习题集由庞璐、李炽岚任主编，李丽、余丹丹、沈蓓蓓任副主编。具体分工如下：第二章、第五章、第七章、第八章由庞璐编写；第三章、第四章由李炽岚编写；第一章、第六章由李丽编写；第九章由余丹丹编写。

在本习题集的编写过程中，编者参考了国内众多习题集，在此深表感谢。

编写一本具有高职特色和专业特色的《水利工程制图习题集》，是我们孜孜以求的目标。在湖北水利水电职业技术学院开发同名网络课程与自编教材的配套试运行三年中，取得了良好的教学效果，并获得了同行的一致好评。但限于编写时间和编写水平，书中难免存在不当或错误之处，恳请读者批评指正。

编者

2010年3月1日于武汉南湖

目　　录

1—1 图线练习（用1∶1的比例画在A3图纸上，不标注尺寸）	班级		姓名		学号		页次	1

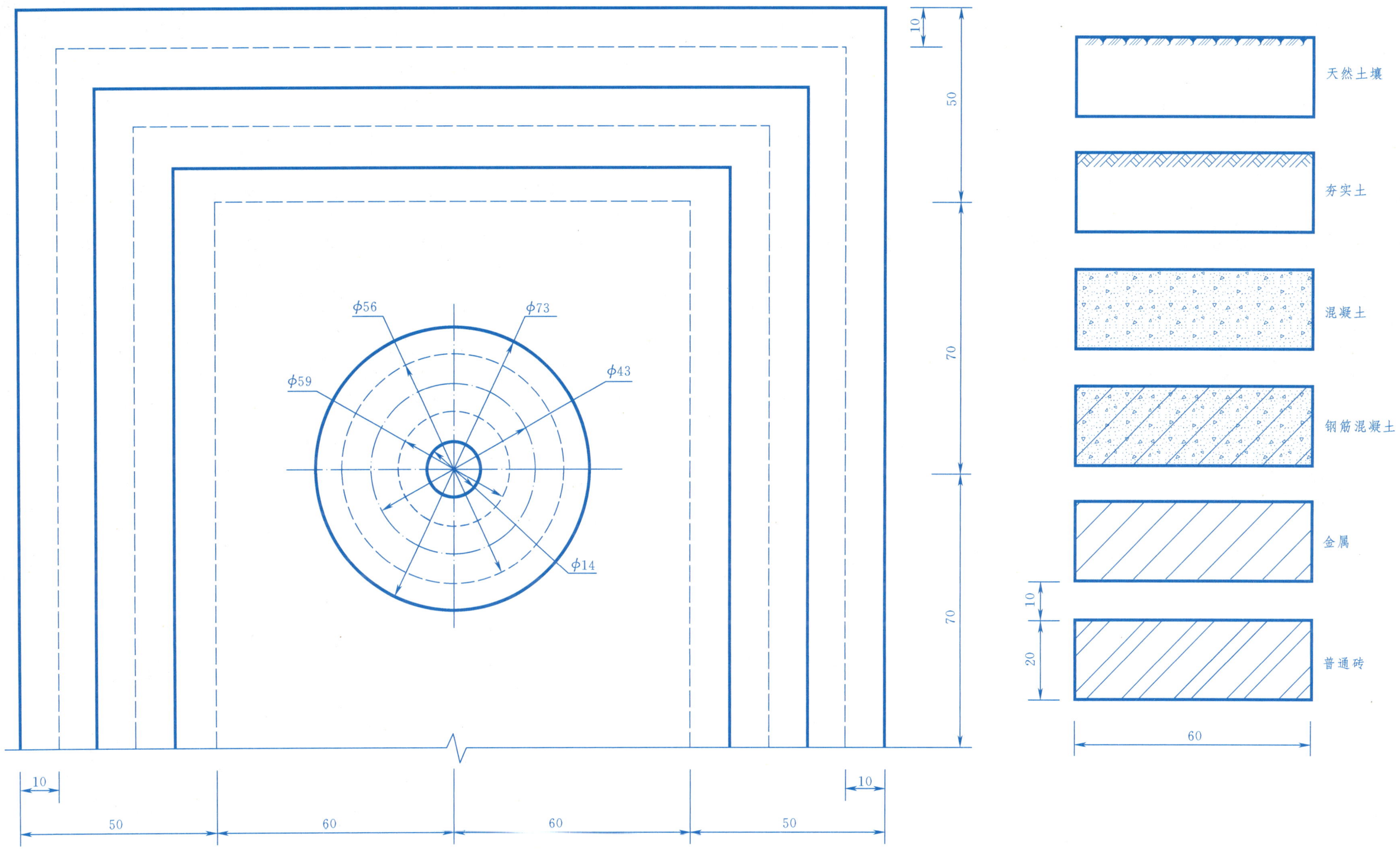

1—2 尺寸标注	班级		姓名		学号		页次	2

1. 标注直径和半径尺寸（按1∶1的比例在图中量取，取整数）。

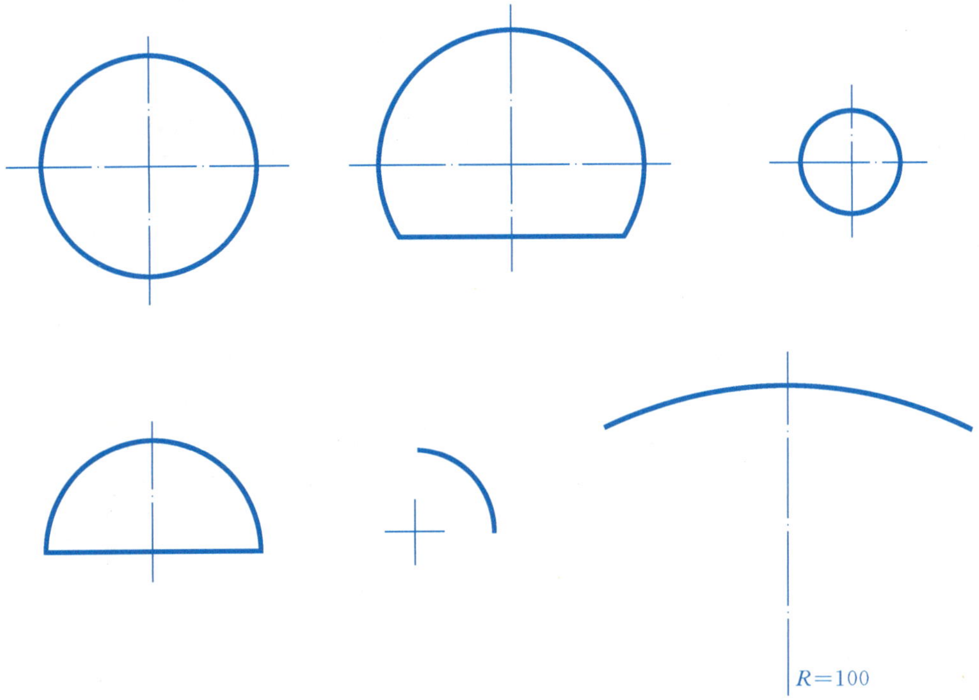

2. 下图的比例为1∶2，在给出的尺寸标注位置上标注尺寸数字（取整数）。

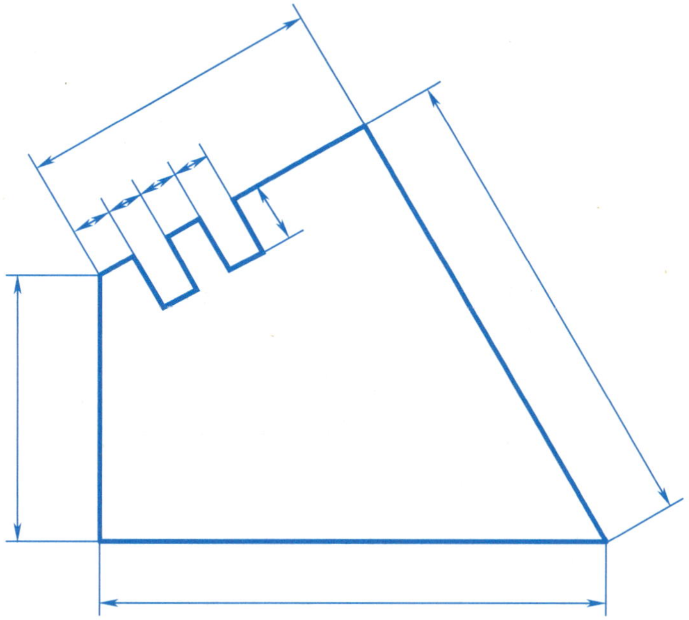

3. 分析左图中尺寸标注的错误，在右图中正确标注。

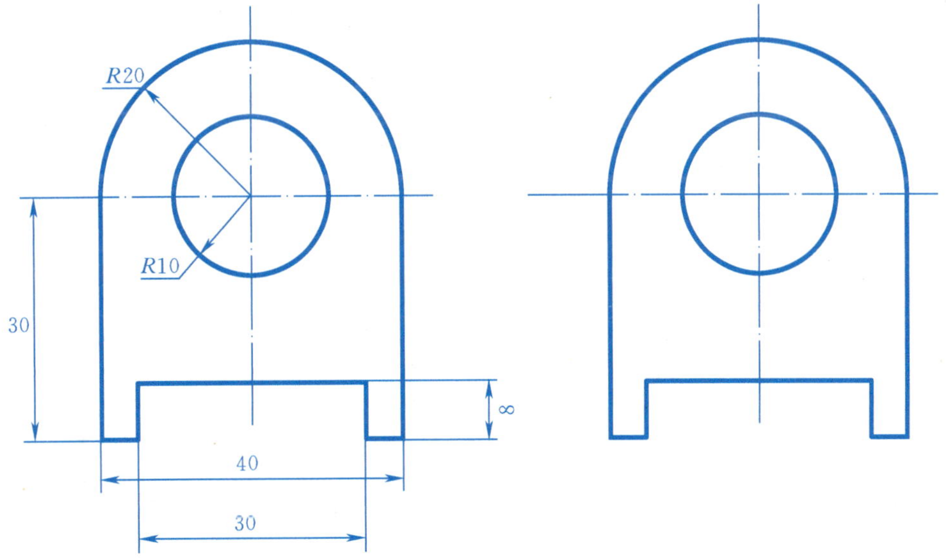

4. 标注角度和线性尺寸（按1∶1的比例在图中量取，取整数）。

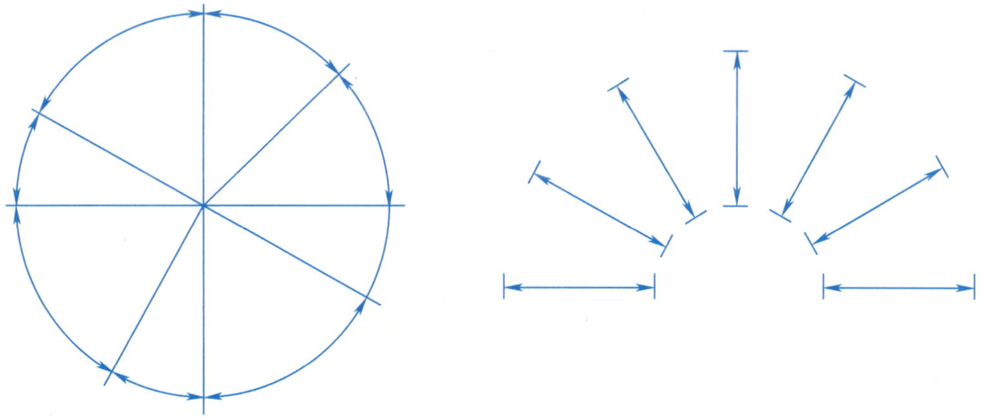

1—3 字体练习	班级		姓名		学号		页次	3

一二三四五六七八九十上中下左右

工业民用建筑厂房屋平立剖面详图

标号基础结构材料水泥砂浆砌石钢筋混凝土

大小比例长宽厚度单位形状设计说明班级姓名学号审核

0123456789

0123456789

0123456789

ABCDEFGHIJKLMNOPQRSTU

VWXYZ

abcdefghijklmnopqrstuvwxyz

1—4　几何作图	班级		姓名		学号		页次	4

1. 七等分线段AB。

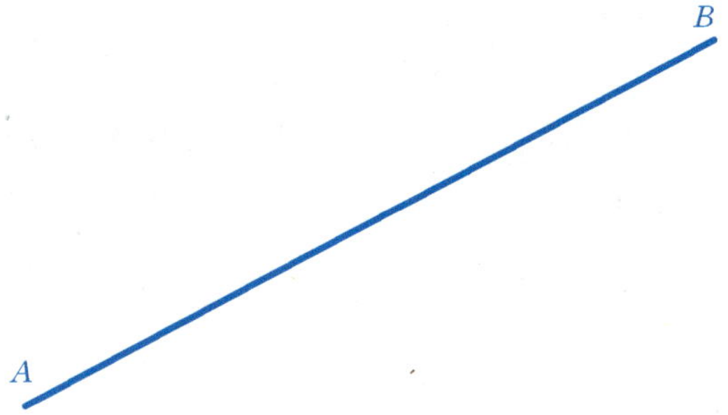

2. 已知直线段（始点为A）和最后段圆弧（圆心为O、终点为B），用圆心在水平点划线上的$R50$的中间圆弧内切；用$R20$的连接圆弧与中间圆弧外切并与直线段相切，完成图形（保留所作的圆心和切点）。

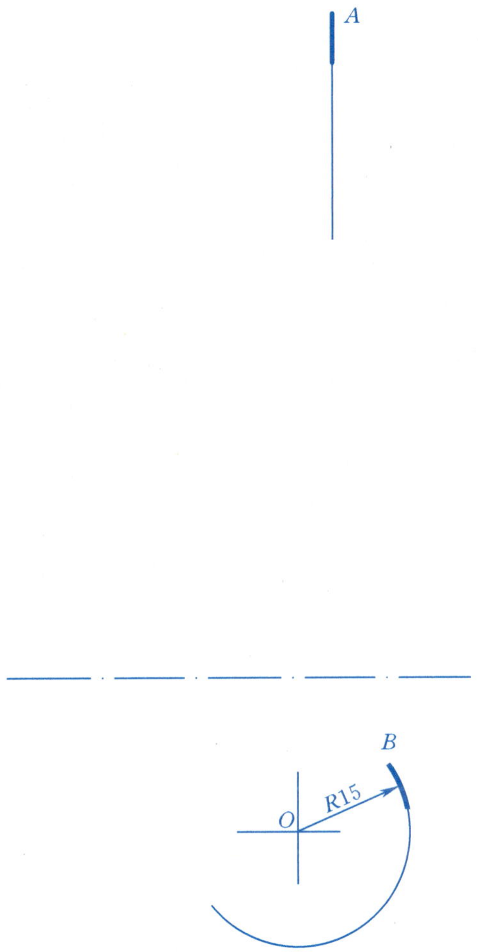

3. 在直径为100mm的圆内作内接正五边形。

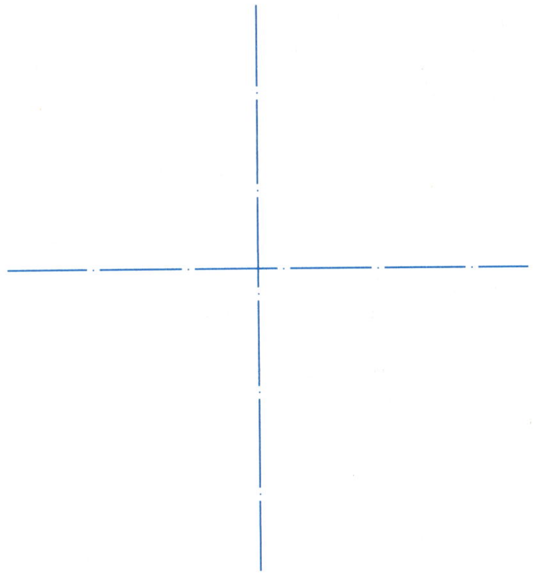

1—5 几何作图大作业	班级		姓名		学号		页次	5

1. 几何作图（一）。

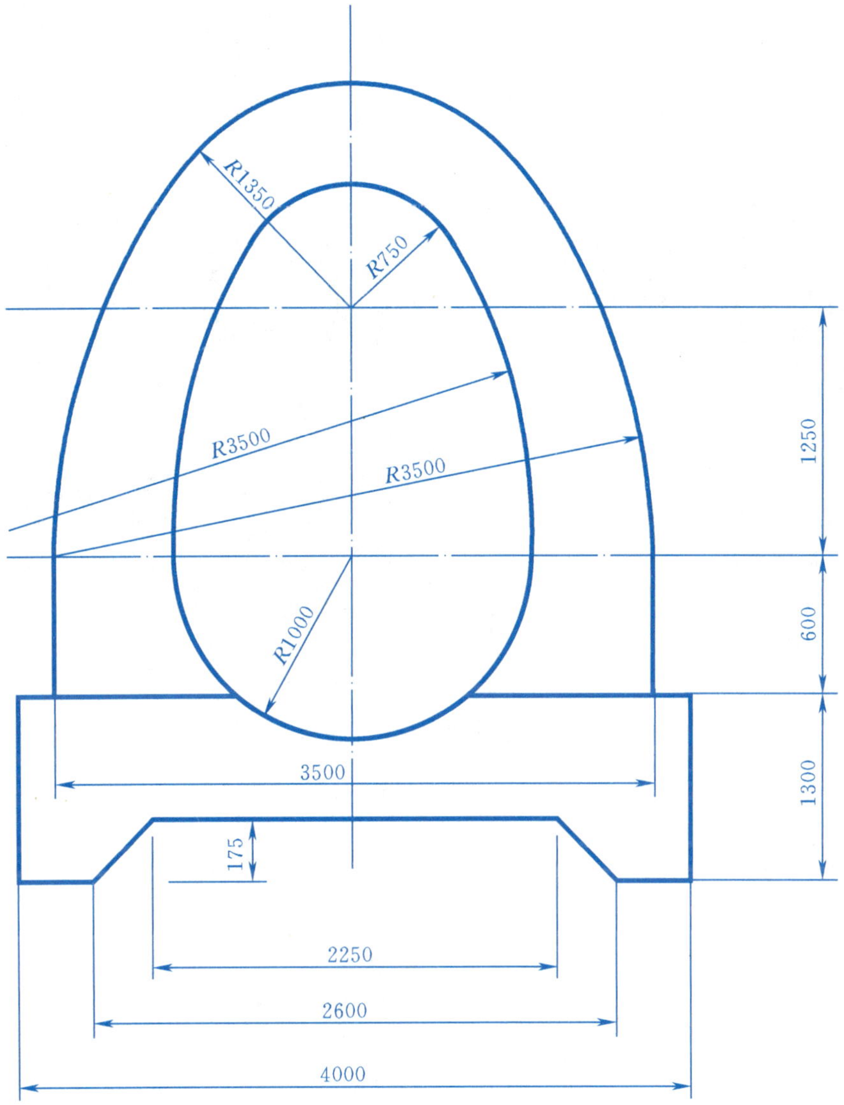

涵洞 1：50

2. 几何作图（二）。

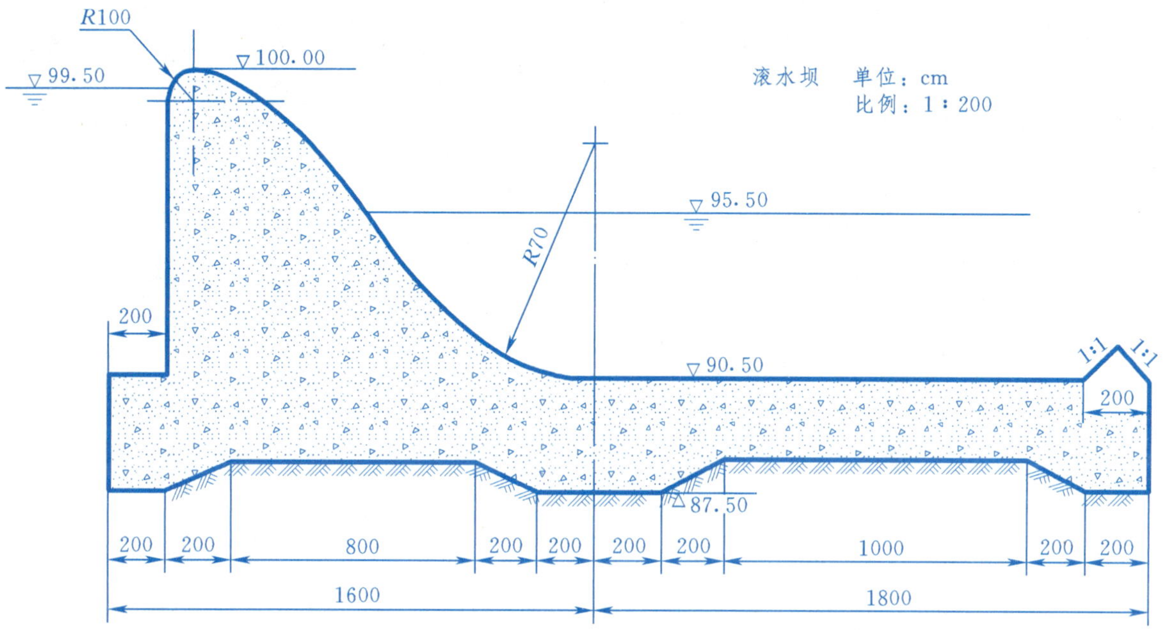

坝面曲线坐标　　单位：m

O X Y	X	1	2.7	4.1	5.9	7.2	8.7	10.6
	Y	0	0.5	1.7	3.7	5.5	7.1	8.5

滚水坝 1：200

第二章　投影的基本知识

2—1　由立体图画三视图（一）	班级		姓名		学号		页次	6

1.

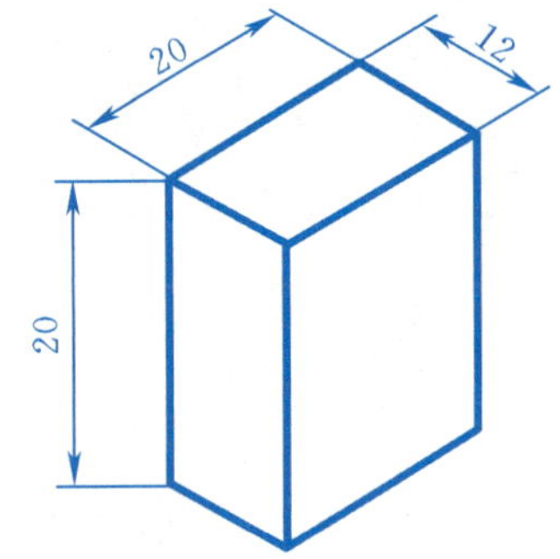

2.

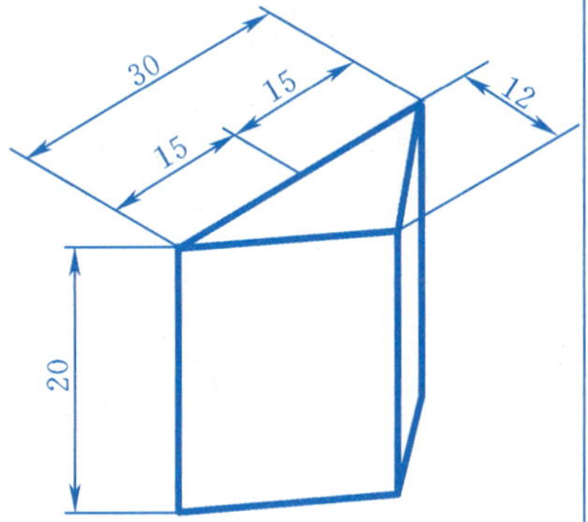

3.

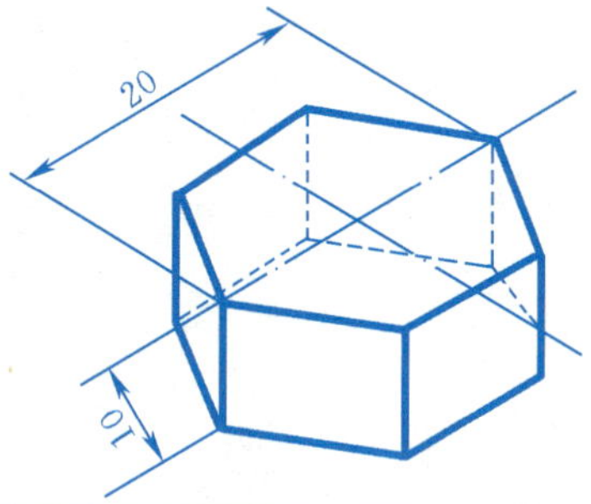

4.

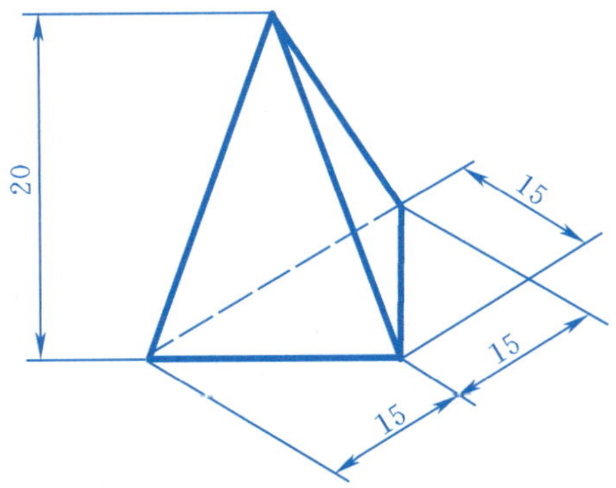

5.

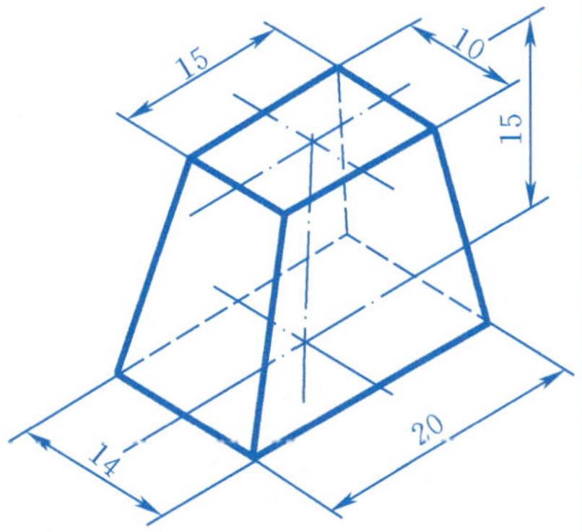

6.

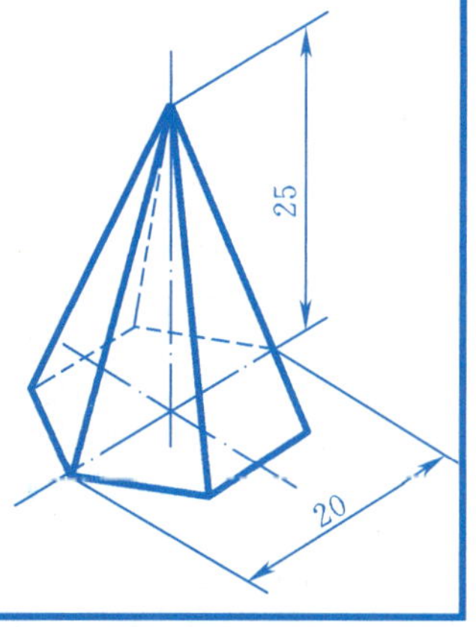

2—2 由立体图画三视图（二）	班级		姓名		学号		页次	7

7.

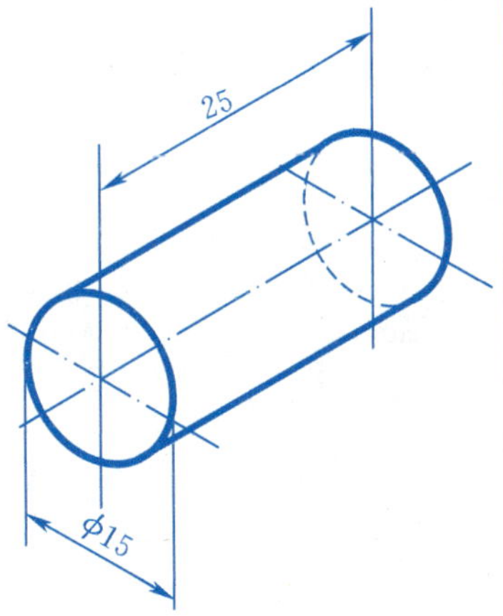

8.

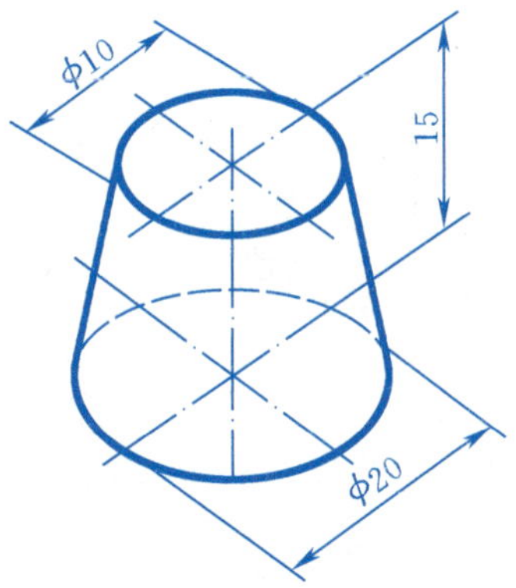

9.

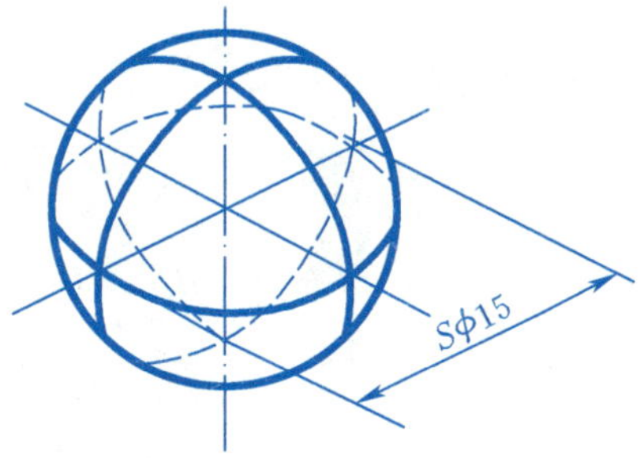

10.

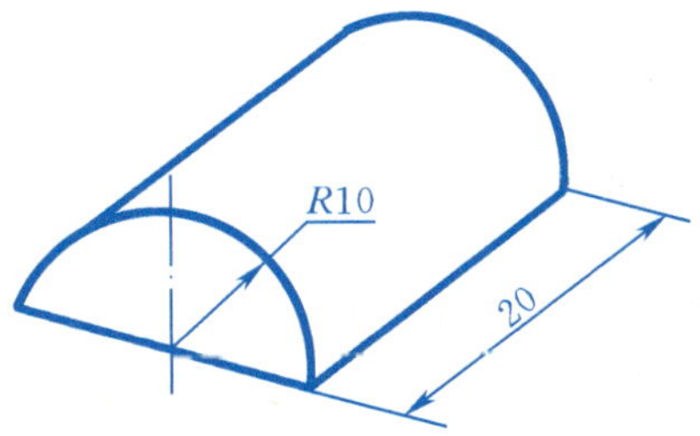

11.

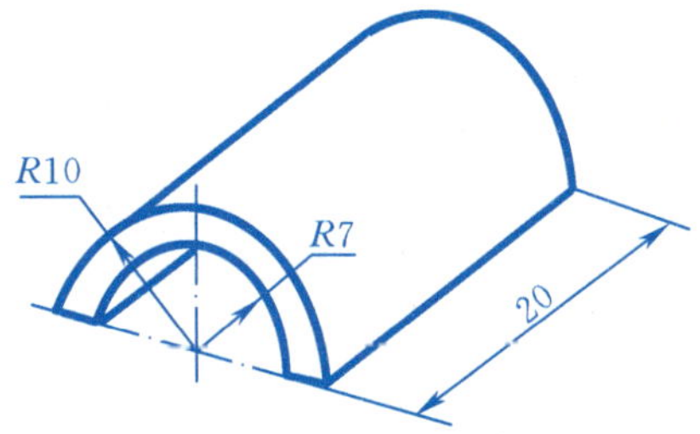

12.

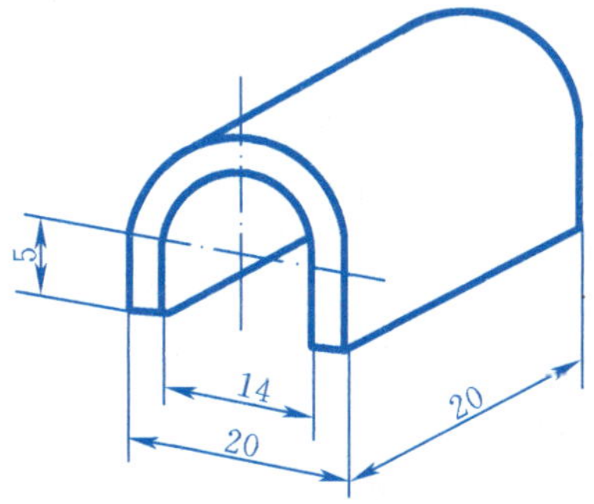

2—3 补绘基本形体的第三面投影（一）	班级		姓名		学号		页次	8

1.

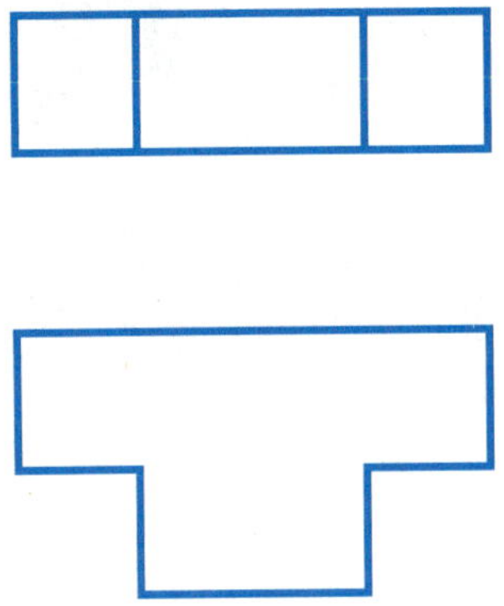

2.

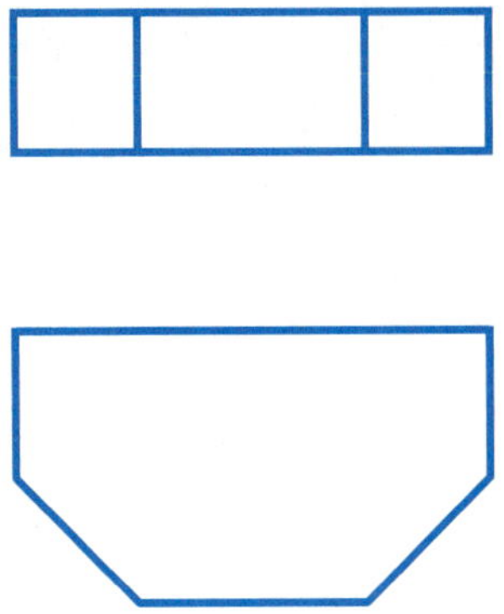

3.

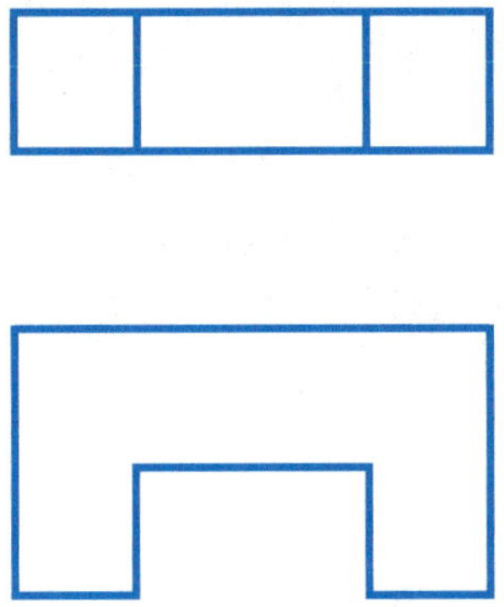

4.

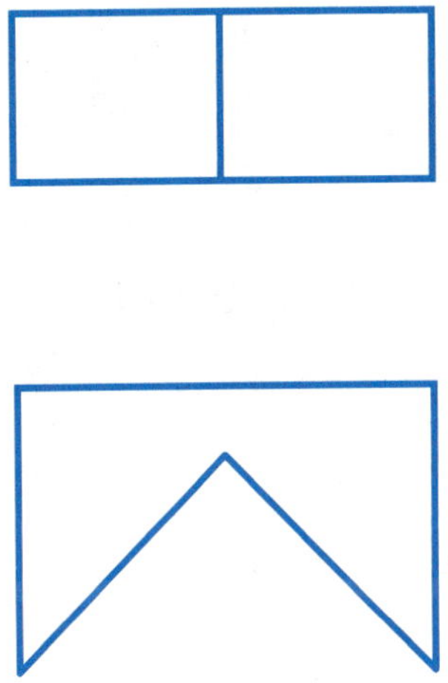

5.

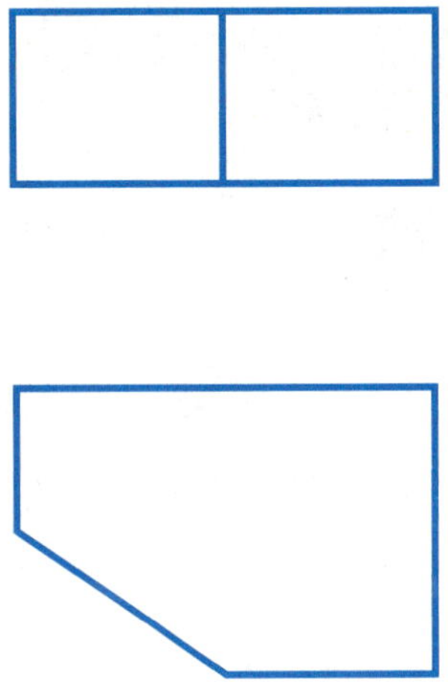

6.

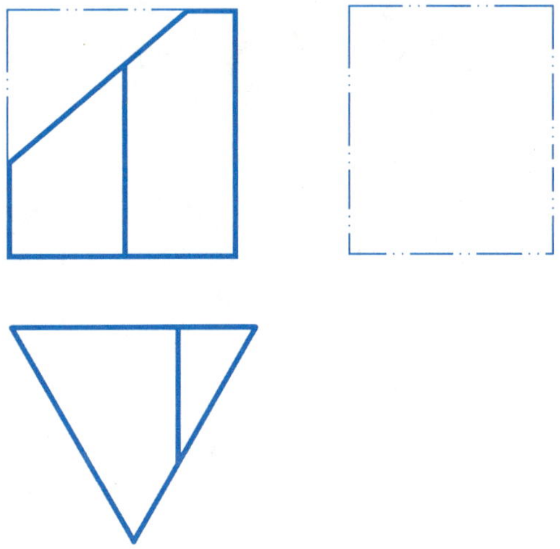

7.

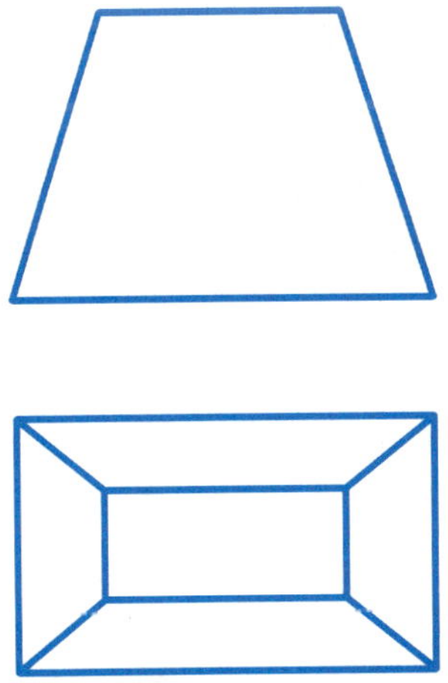

8.

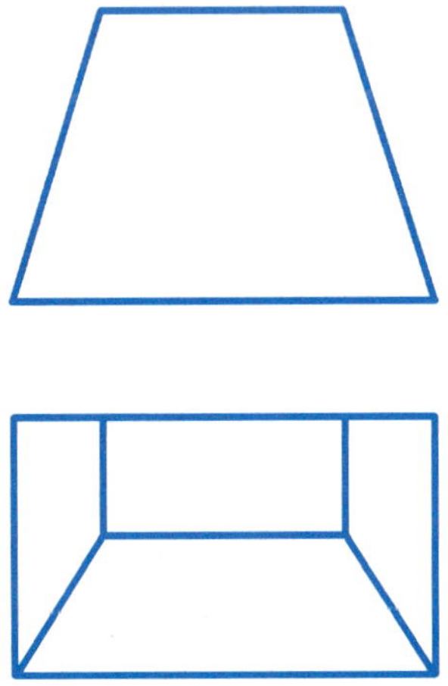

9.

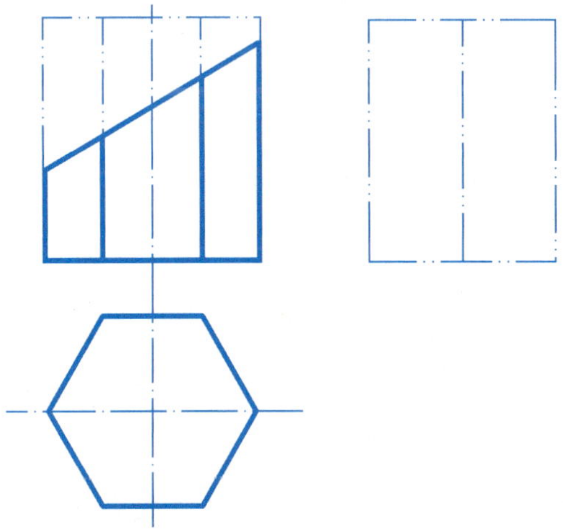

2—4 补绘基本形体的第三面投影（二）	班级		姓名		学号		页次	9

10.

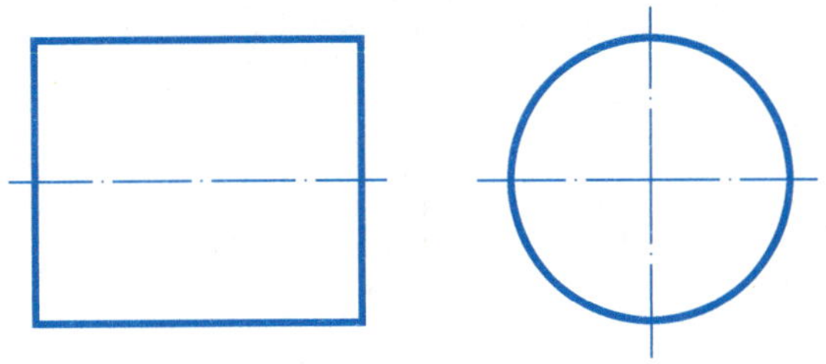

11.

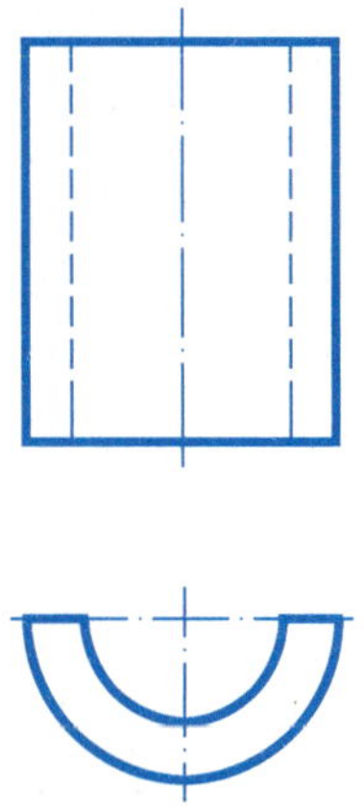

12.

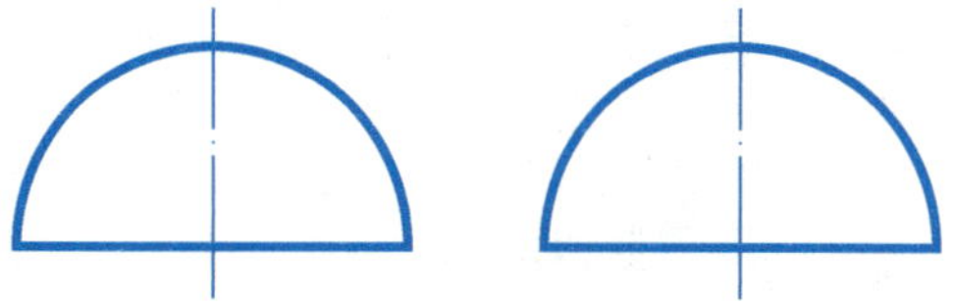

13.

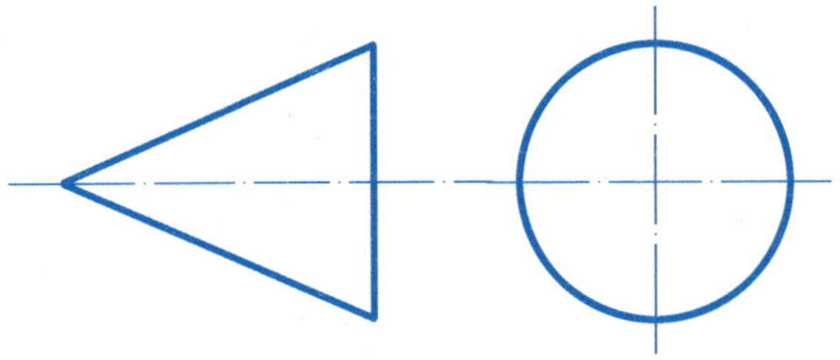

14.

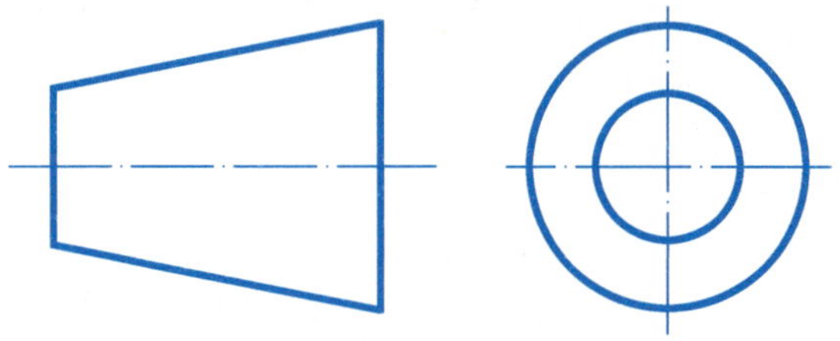

15.

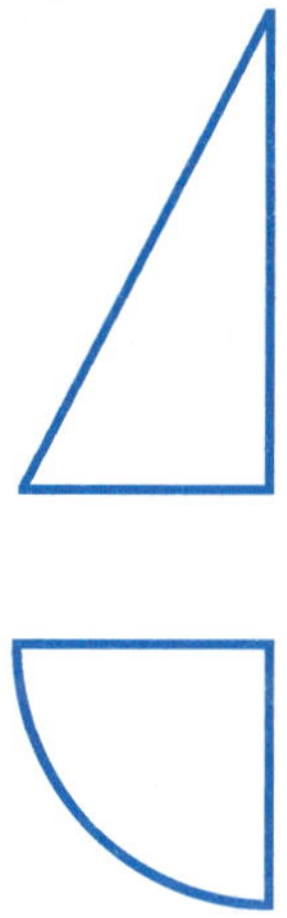

16.

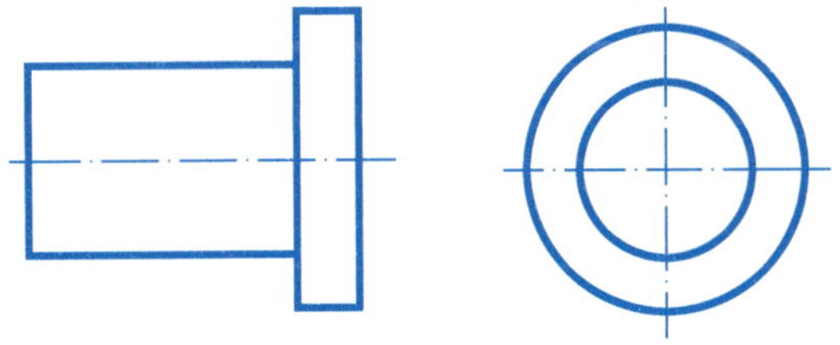

17.

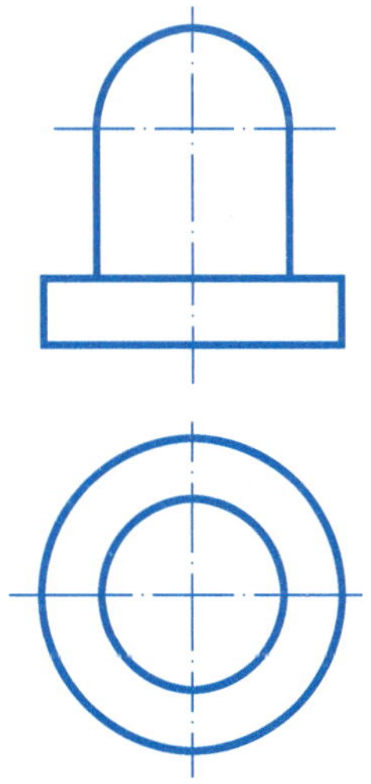

18.

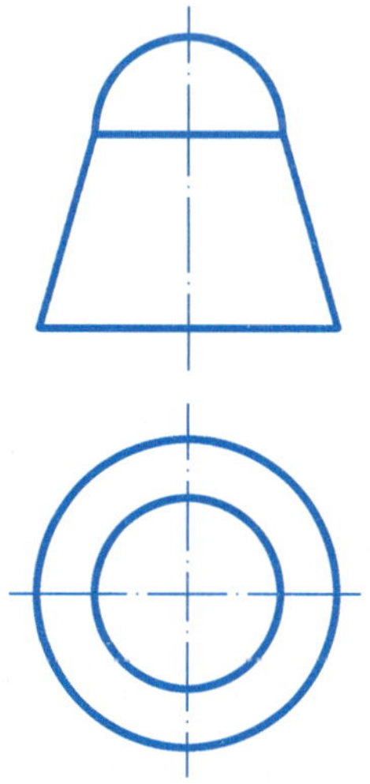

2—5 由立体图画出简单体的三视图	班级		姓名		学号		页次	10

1.

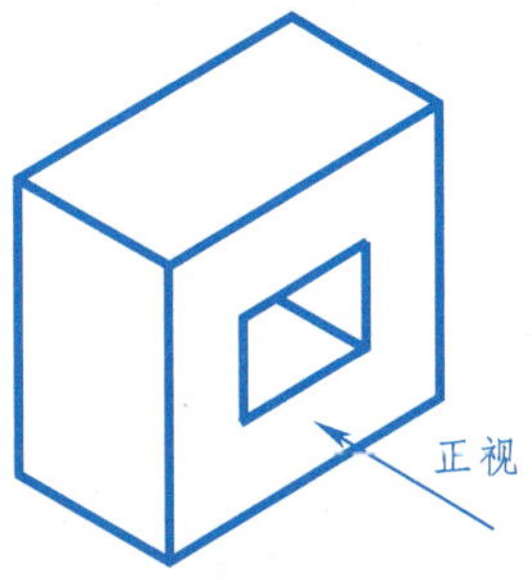

2.

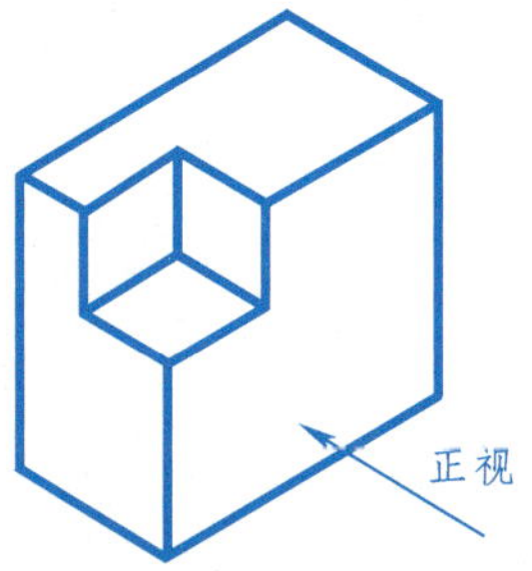

3.

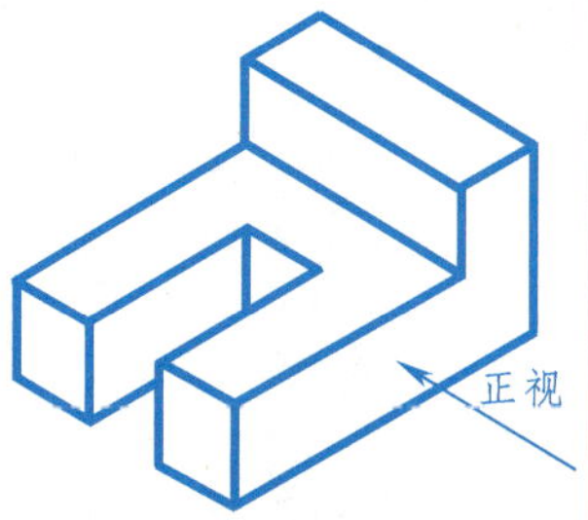

4.

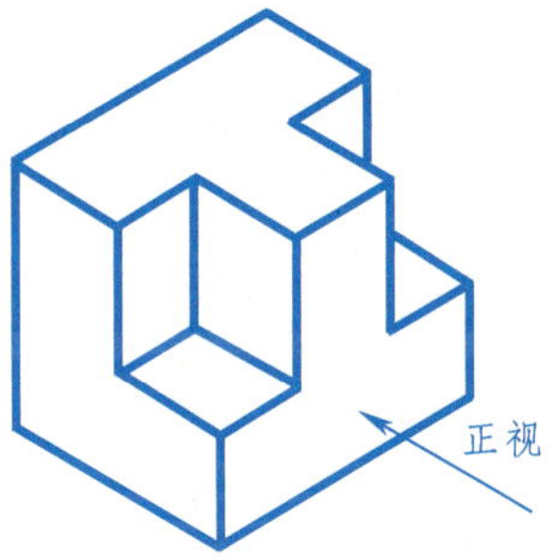

5.

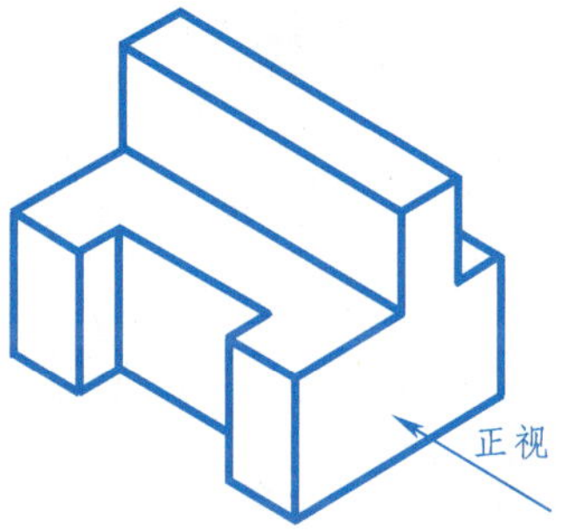

6.

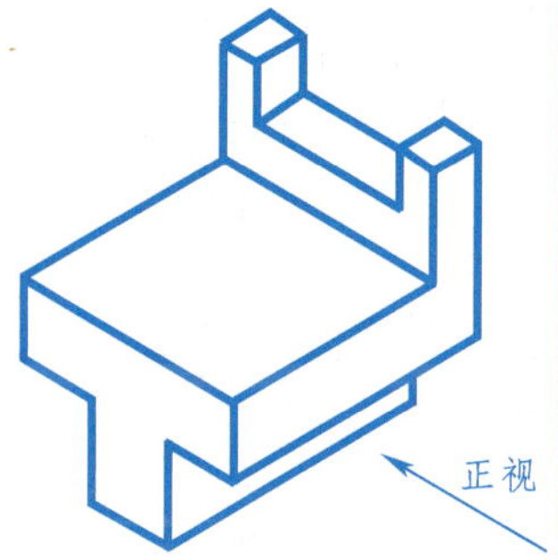

7.

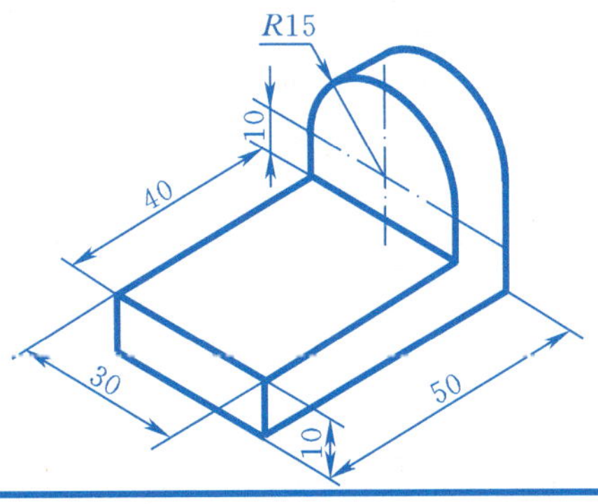

8.

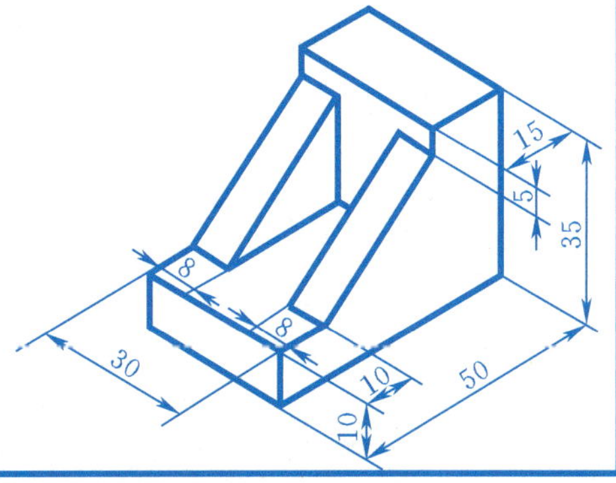

9.

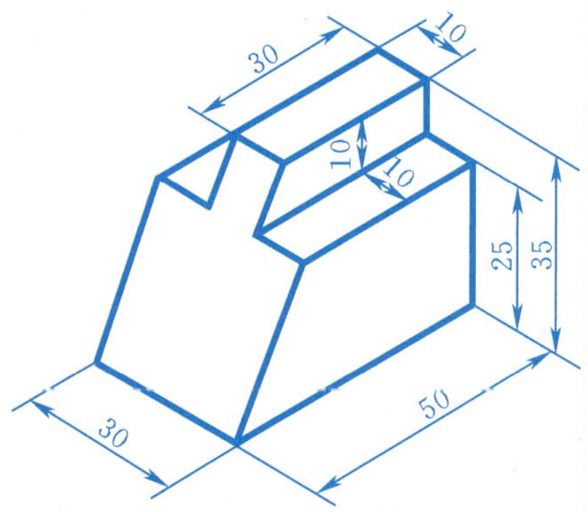

2—6 补画简单体的第三面投影图	班级		姓名		学号		页次	11

1.

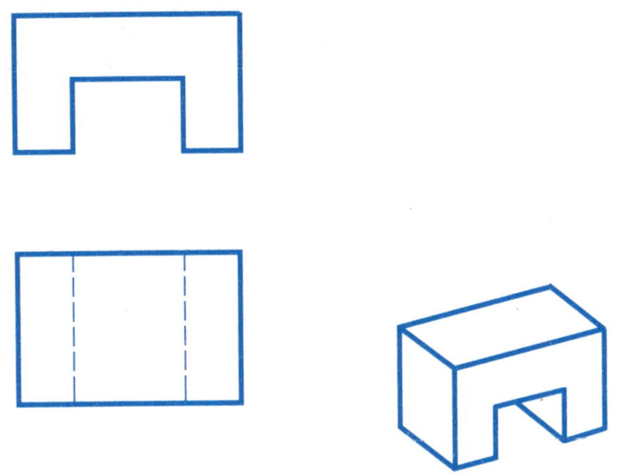

2.

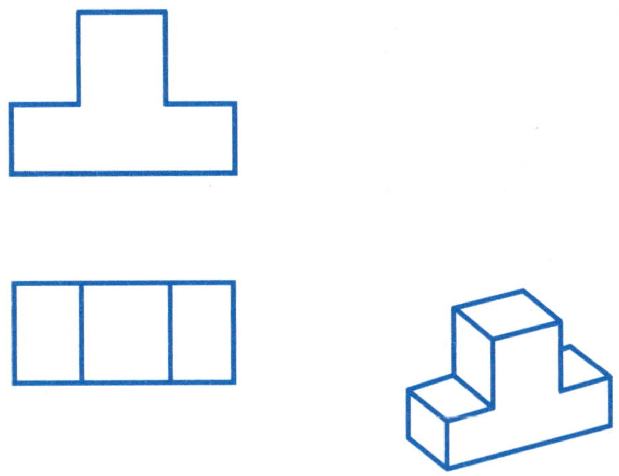

3.

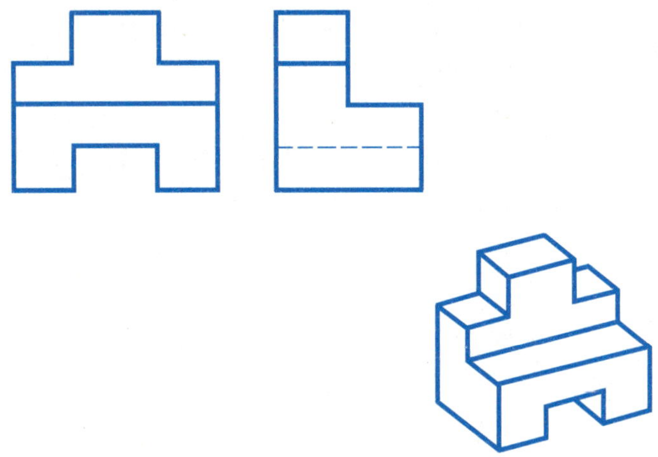

4.

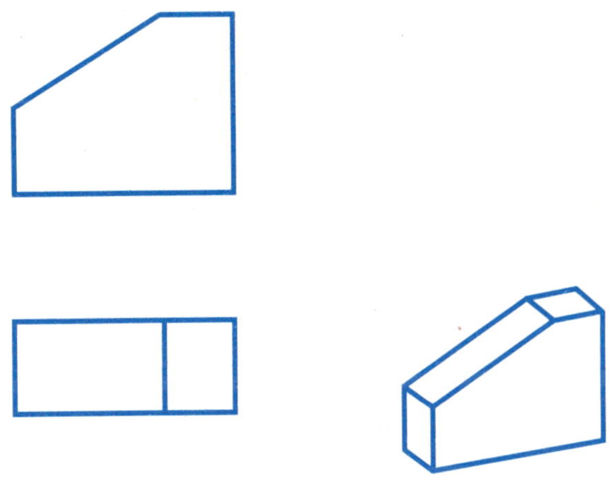

5.

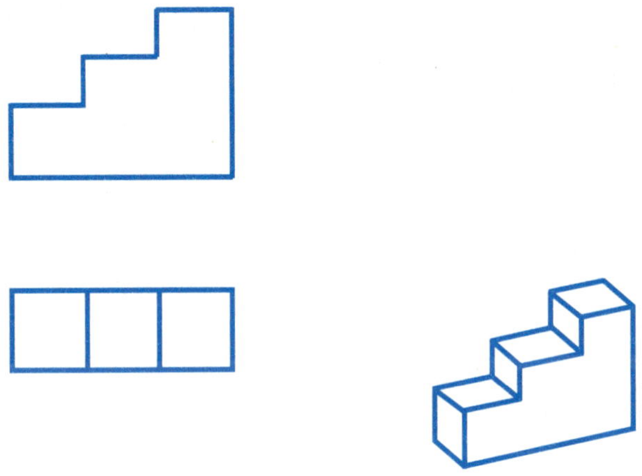

6.

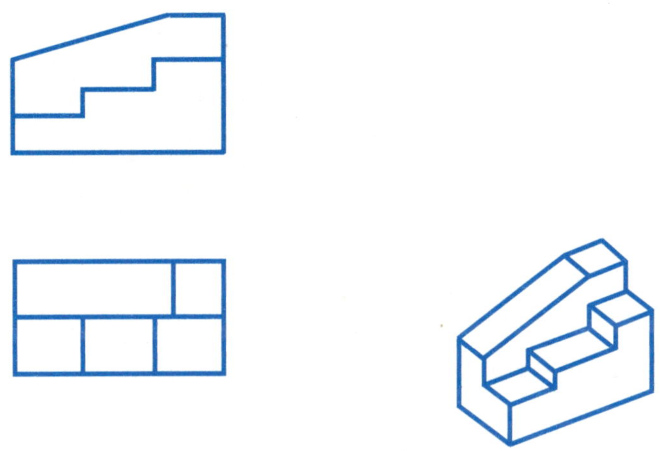

7.

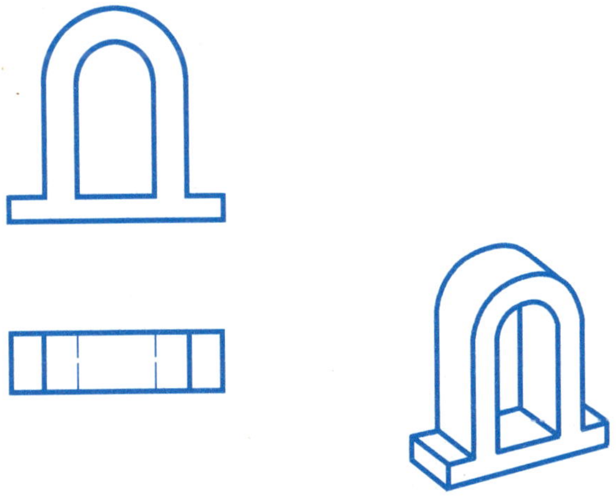

8.

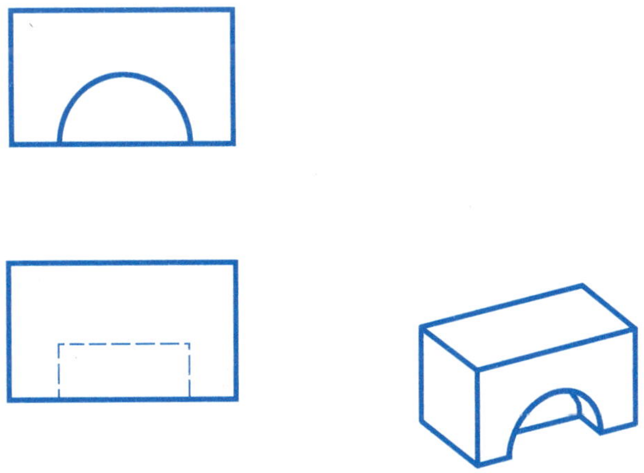

9.

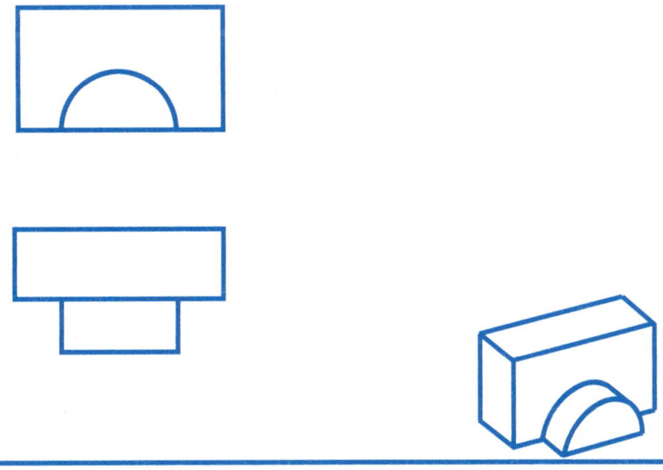

第三章　点、线、面的投影

3—1　点的投影	班级		姓名		学号		页次	12

1. 按照立体图作出两点 A、B 的三面投影（坐标值从图中量取）。

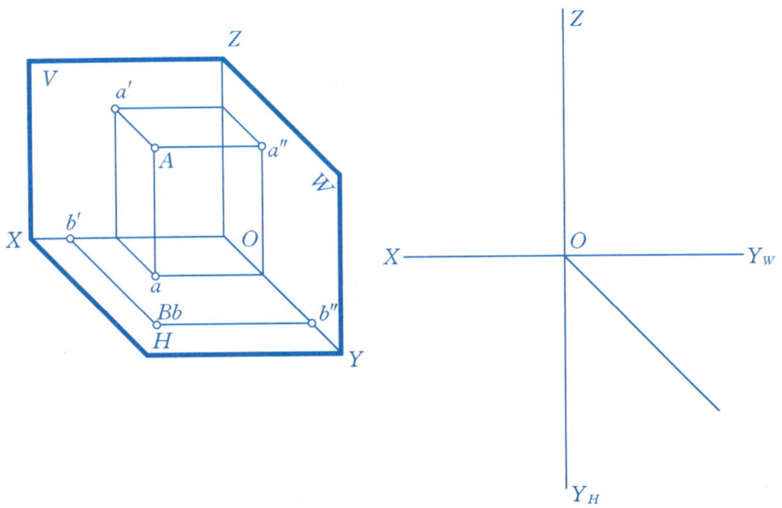

2. 已知各点的两面投影，作出第三面投影。

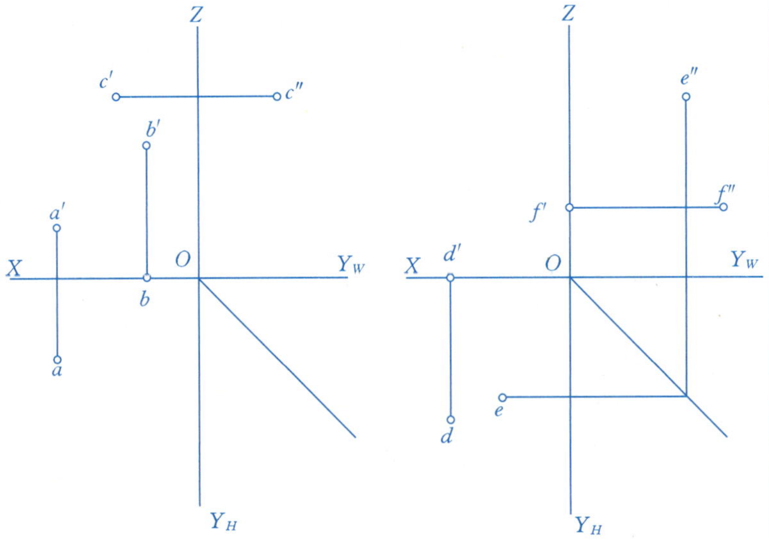

3. 求各点的第三面投影，并比较其相对位置。

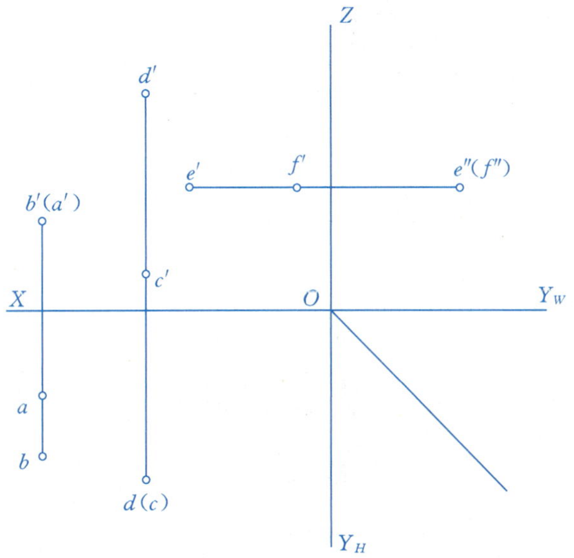

点 A 在点 B 正__方__mm
点 C 在点 D 正__方__mm
点 E 在点 F 正__方__mm

4. 根据点的相对位置作出两点 B、C 的投影，并判别重影点的可见性。
   (1) 点 B 在点 A 之左 20mm、之前 10mm、之下 15mm。
   (2) 点 C 在点 A 的正右方 12mm。

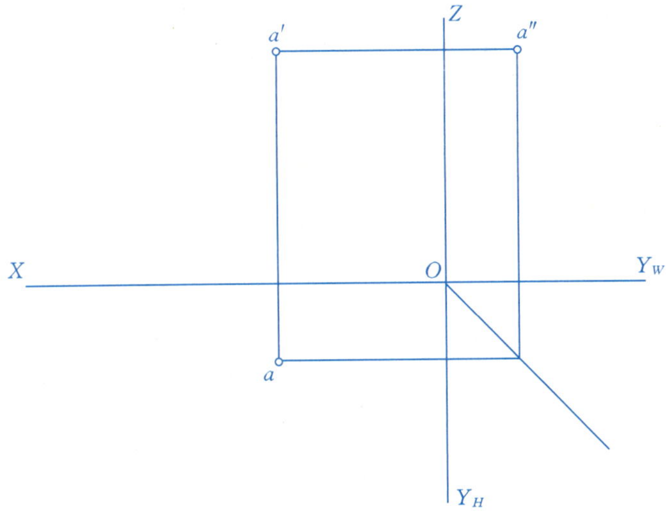

5. 已知点 A 的 H、V 面投影；点 B 的坐标为(40，30，10)；点 C 在 H 面上，距 V 面 10、距 W 面 5；点 D 与点 A 到 W 面的距离相等，且点 D 在点 A 之上 15、之后 10，求作点 A、B、C、D 的三面投影。

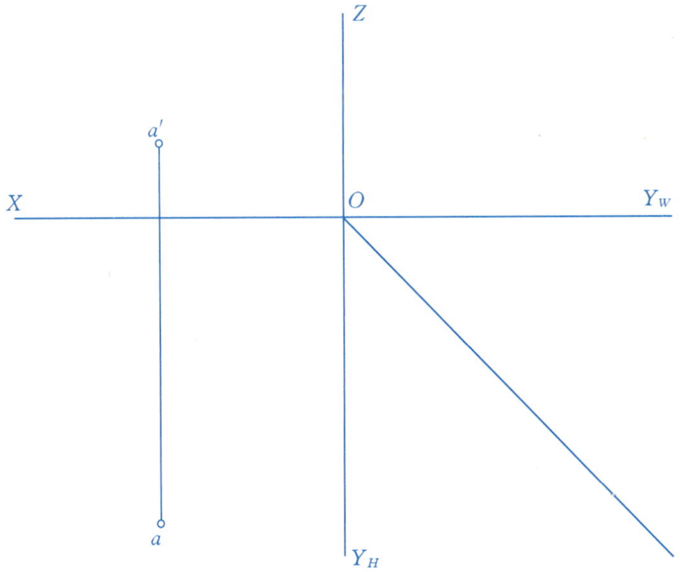

6. 在物体的三视图中，标出点 A、B、C、D、E 的投影。

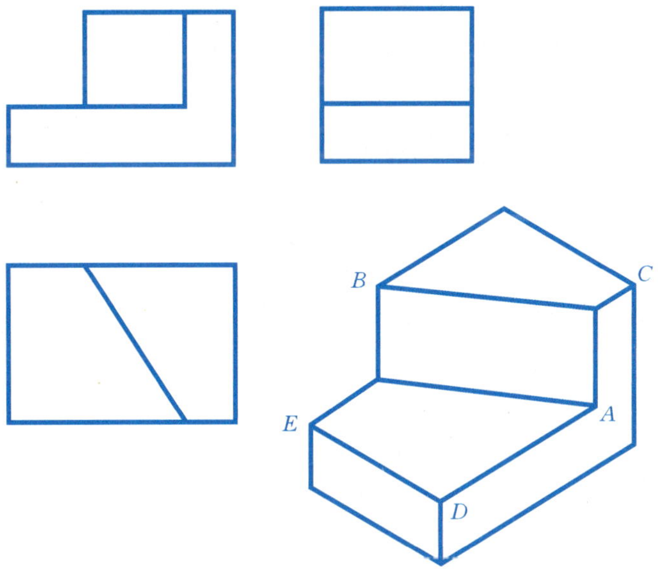

3—2 直线的投影	班级		姓名		学号		页次	13

1. 判断下列直线与投影面的相对位置。

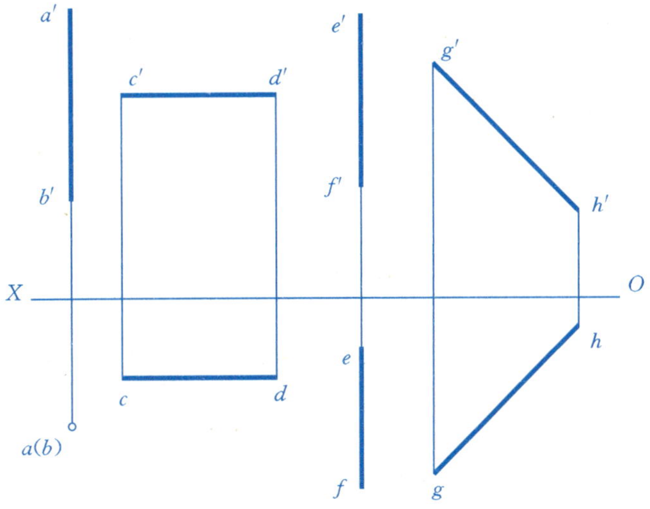

AB 是______线　EF 是______线
CD 是______线　GH 是______线

2. 已知点K在直线AB上，且AK∶KB=2∶3，试求点K的投影。

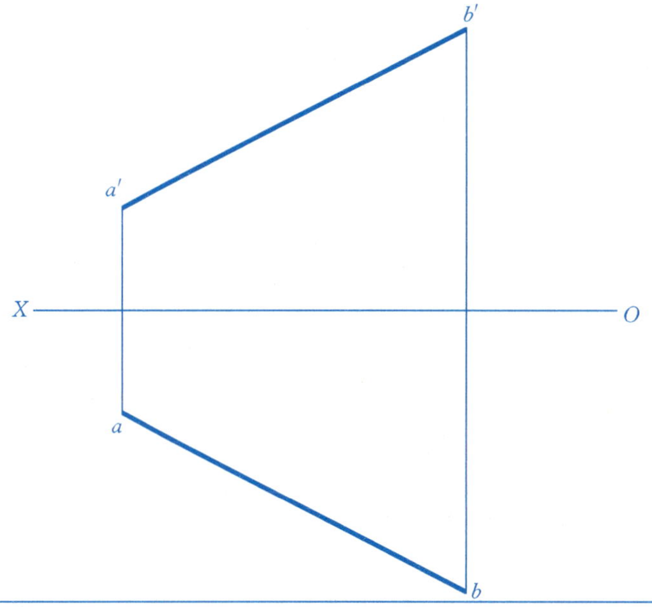

3. 判断点C是否在AB直线上。

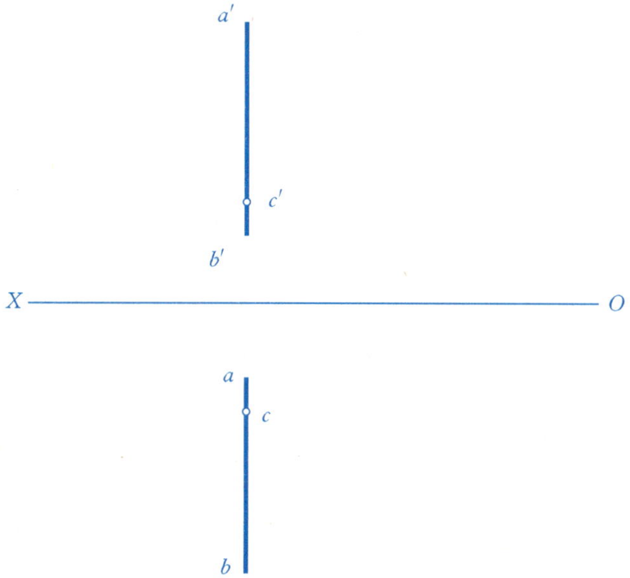

4. 已知如图，补全直线AB、CD、EF的三面投影，并判别直线的空间位置。

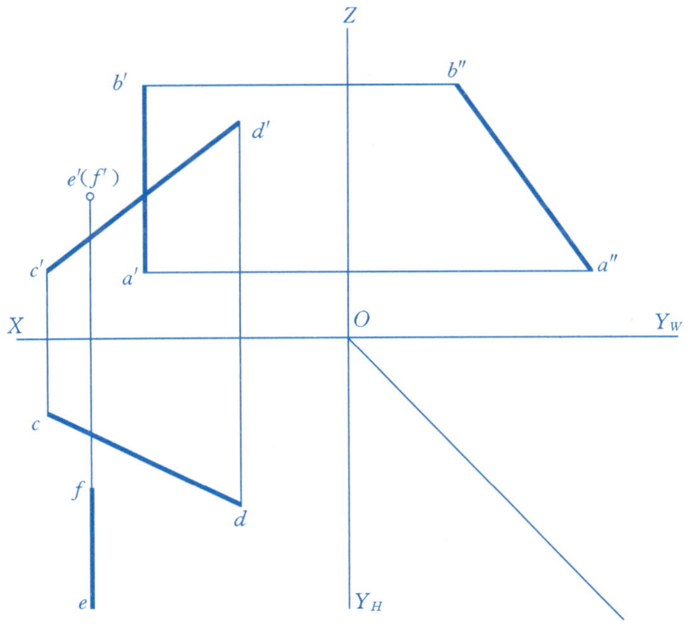

AB ______线　CD ______线　EF ______线

5. 已知矩形ABCD，AD//H面，试完成其投影。

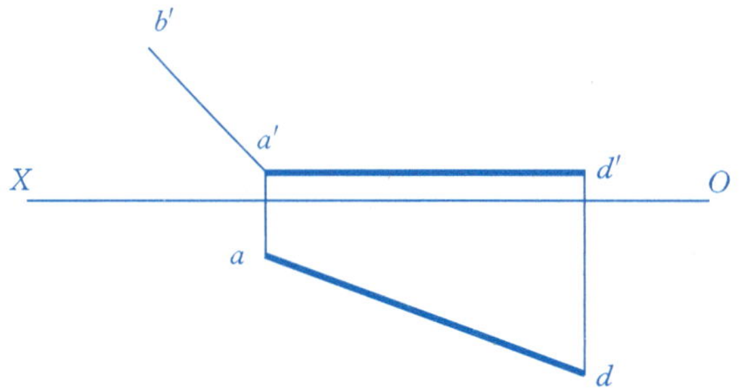

6. 试完成等腰直角三角形ABC的两面投影。已知AC为斜边，顶点B在直线NC上。

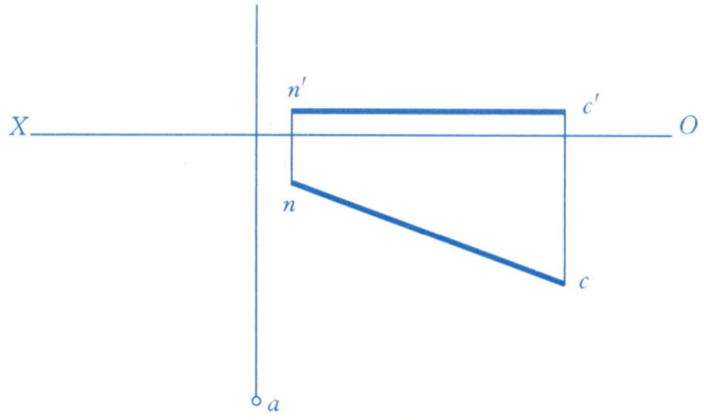

1. 在立体图或投影图上，用字符标出平面 A、B、C（如平面 P）。

(1)

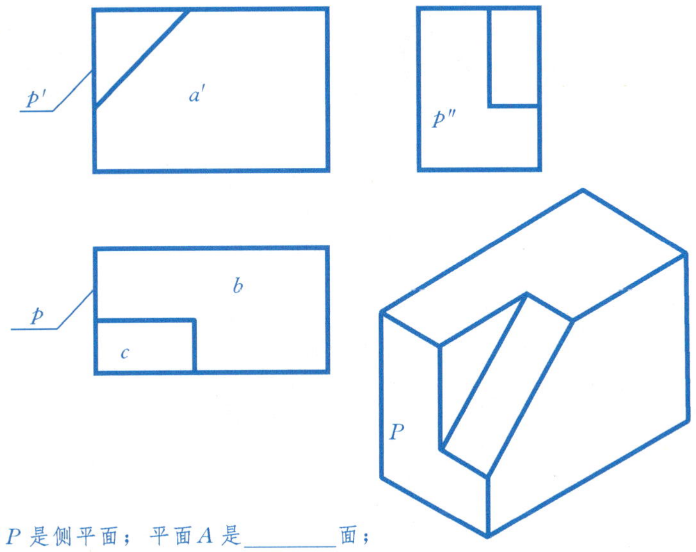

平面 P 是侧平面；平面 A 是________面；

平面 B 是________面；平面 C 是________面。

(2)

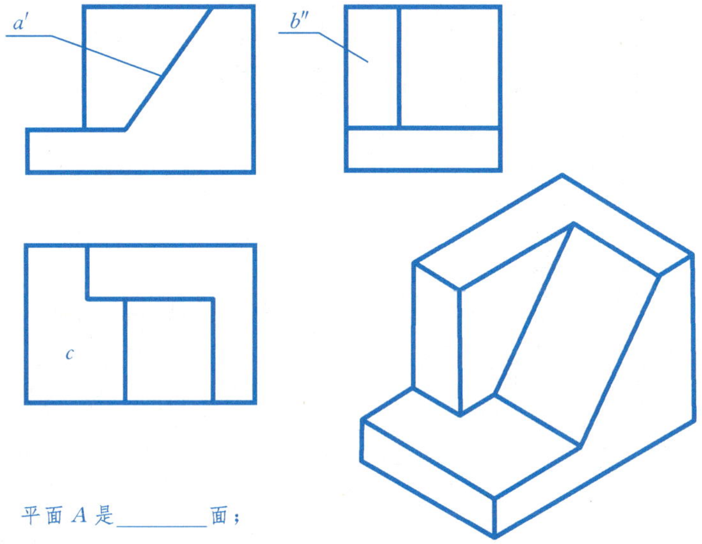

平面 A 是________面；

平面 B 是________面；

平面 C 是________面。

(3)

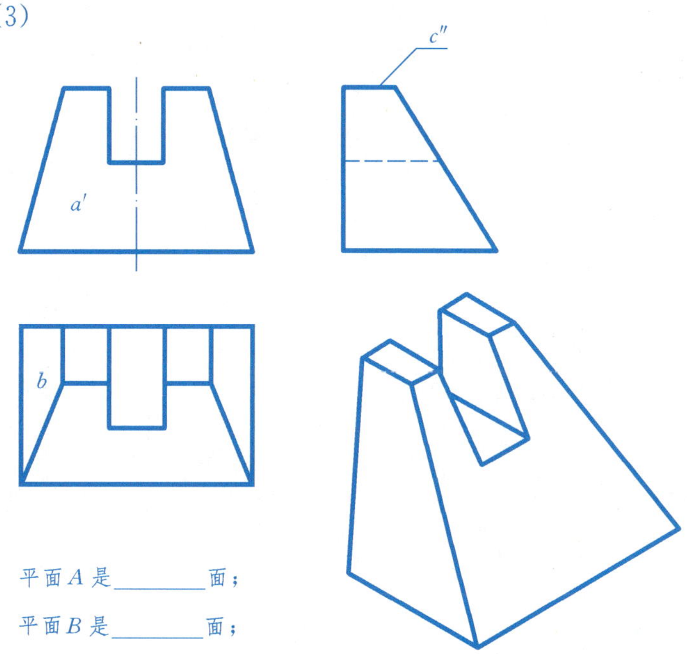

平面 A 是________面；

平面 B 是________面；

平面 C 是________面。

2. 完成三棱台的侧面投影，并分析各平面的空间位置。

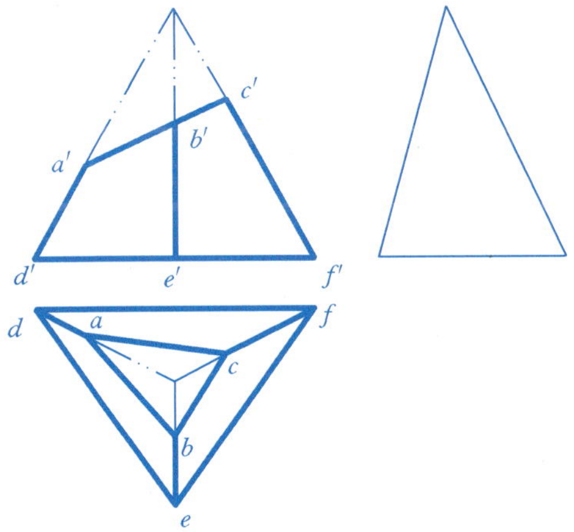

平面 ABC 是________面；平面 $ABED$ 是________面；

平面 DEF 是________面；平面 $ACFD$ 是________面。

3. 完成平面图形 $ABCDE$ 的水平投影。

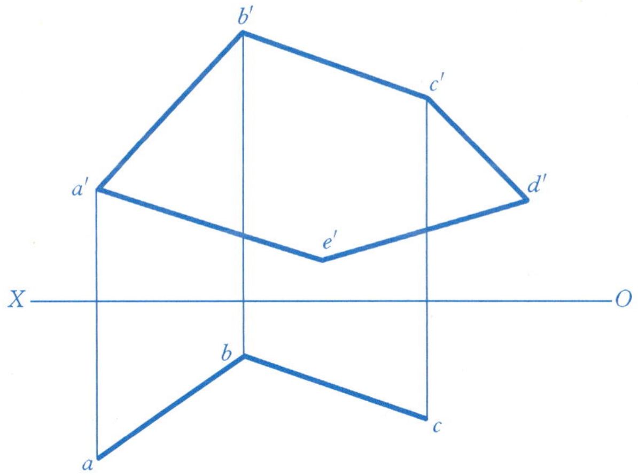

4. 补全平面图形及该平面上点 K 的投影。

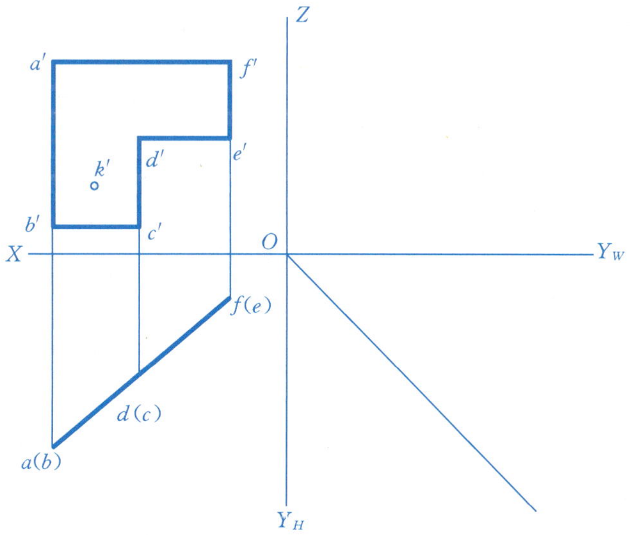

3—4 直线与平面的相对位置	班级		姓名		学号		页次	15

1. 已知 $EF /\!/ \triangle ABC$，求 $e'f'$。

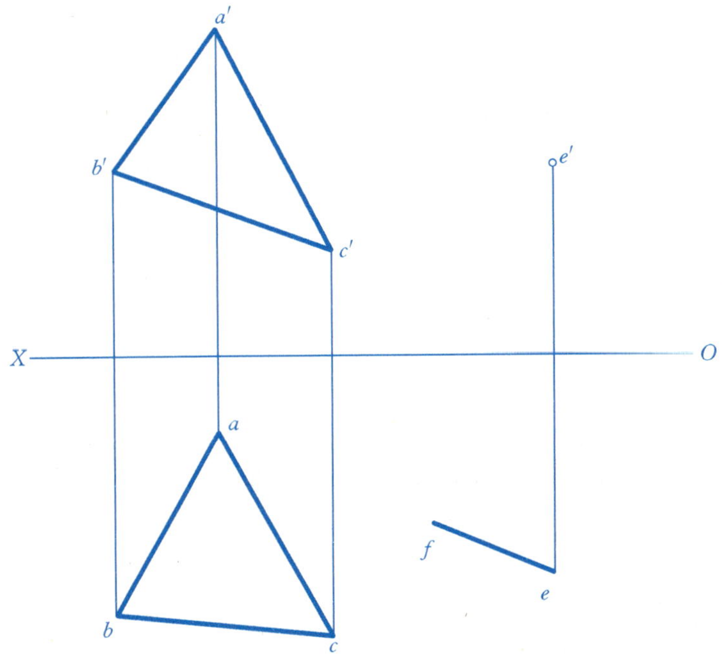

2. 已知 $EF /\!/ \triangle ABC$，求作 $\triangle a'b'c'$。

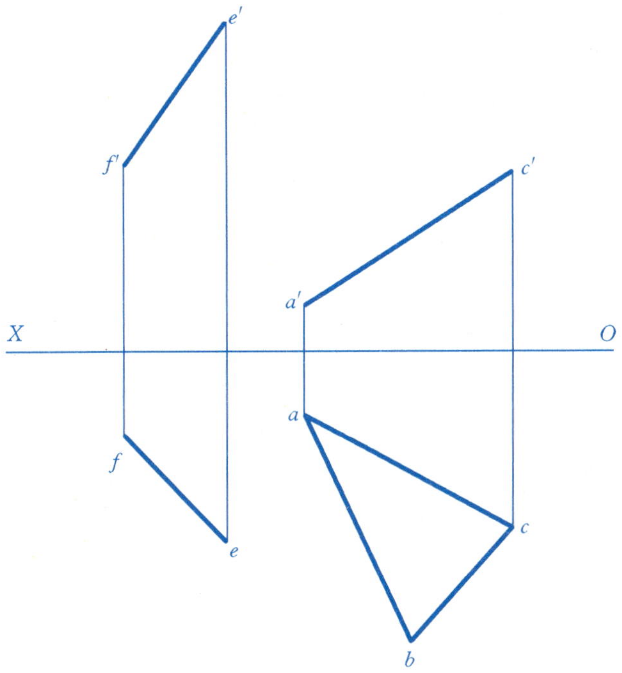

3. 已知 $\triangle ABC /\!/ EDFG$，（$DE /\!/ FG$）求作 $\triangle abc$。

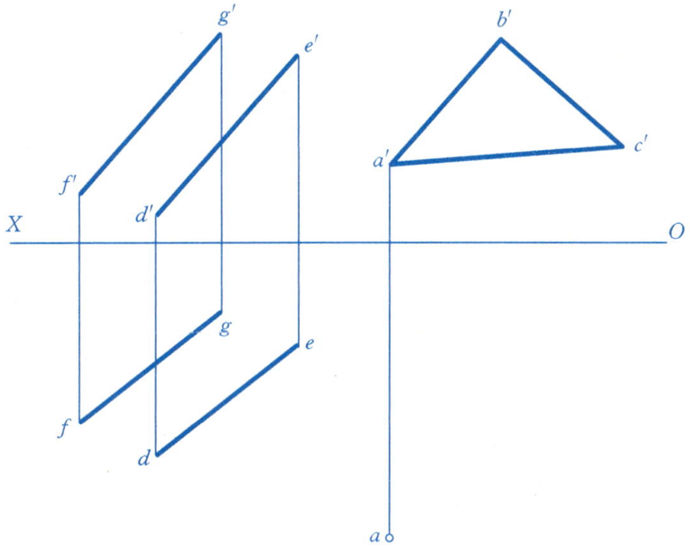

4. 求正垂线 EF 与 $\triangle ABC$ 的交点，并判断可见性。

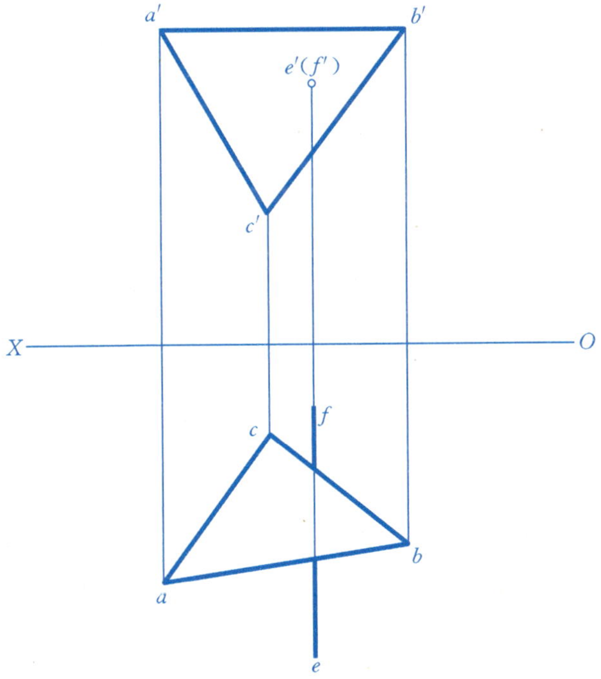

5. 作 $\triangle ABC$ 与 □$DEFG$ 的交线，并判断可见性。

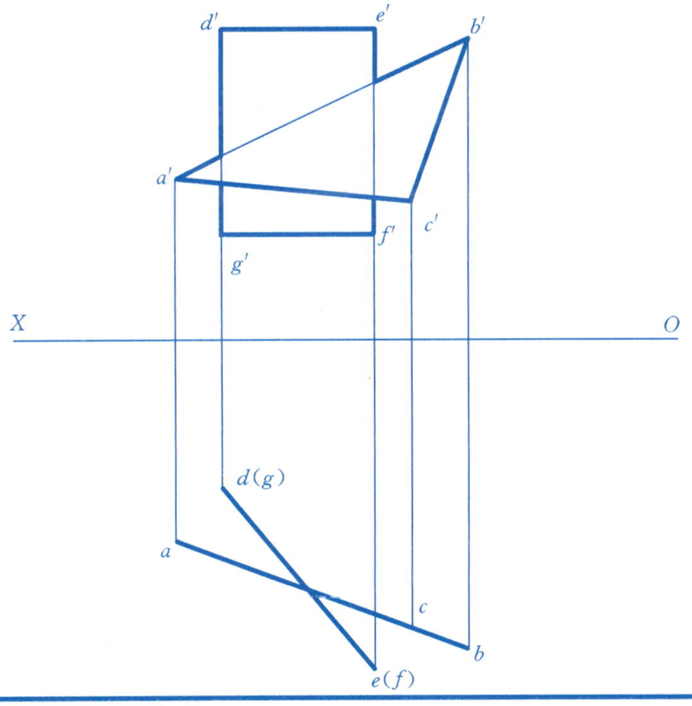

6. 作 $\triangle ABC$ 与 □$DEFG$ 的交线，并判断可见性。

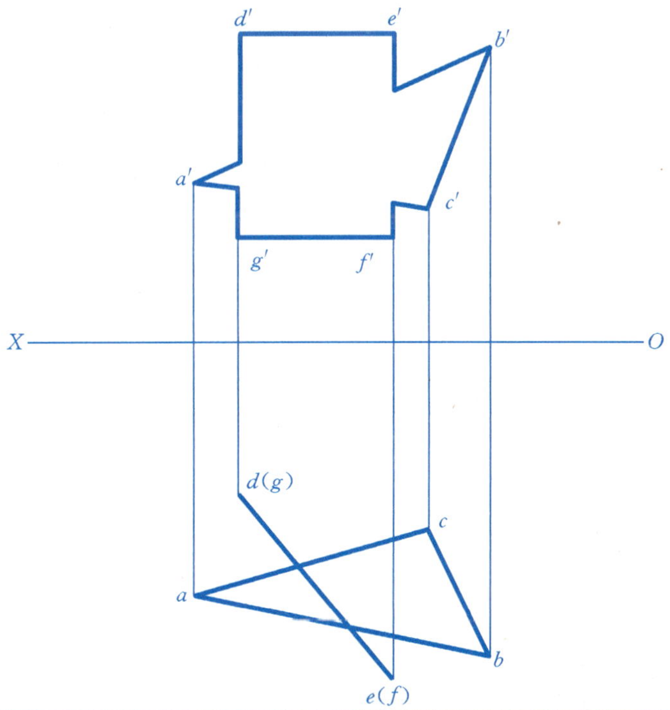

第四章　轴　测　图

4—1　平面体的轴测图	班级		姓名		学号		页次	16

1. 画物体的正等测图。

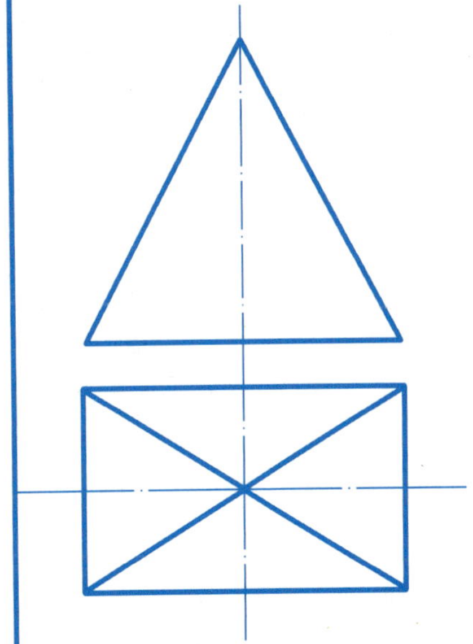

2. 画物体的正等测图。

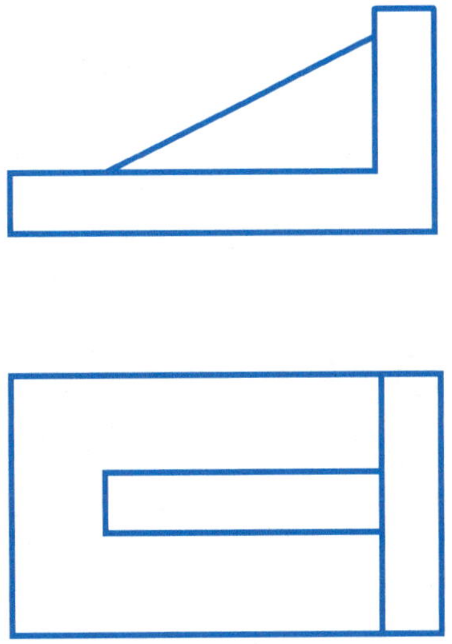

3. 画物体的正等测图。

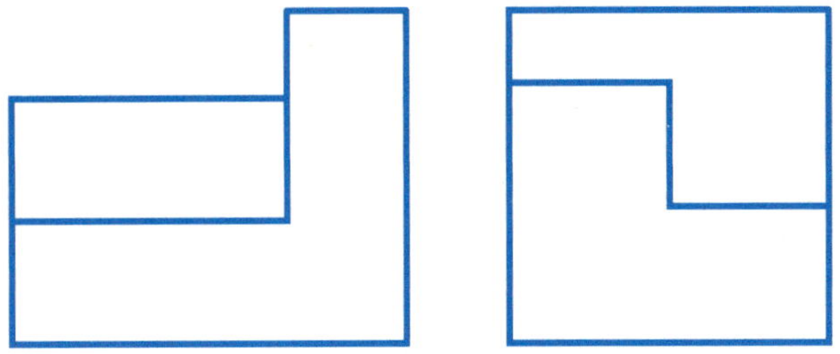

4. 画物体的斜二测图。

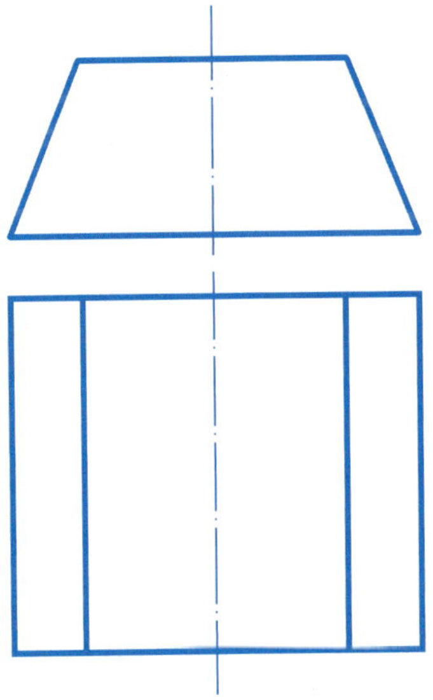

5. 画物体的斜二测图。

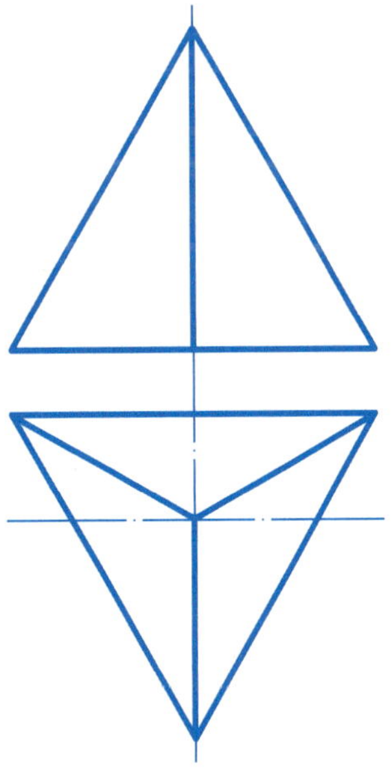

6. 画物体的斜二测图。

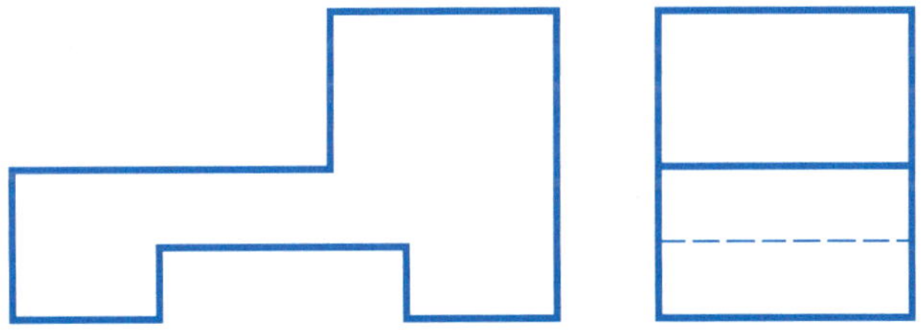

4—2 曲面体的轴测图

班级		姓名		学号		页次	17

1. 画物体的正等测图。

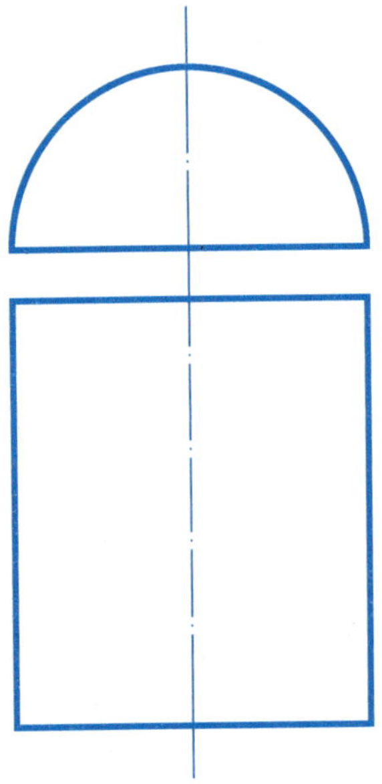

2. 画物体的正等测图。

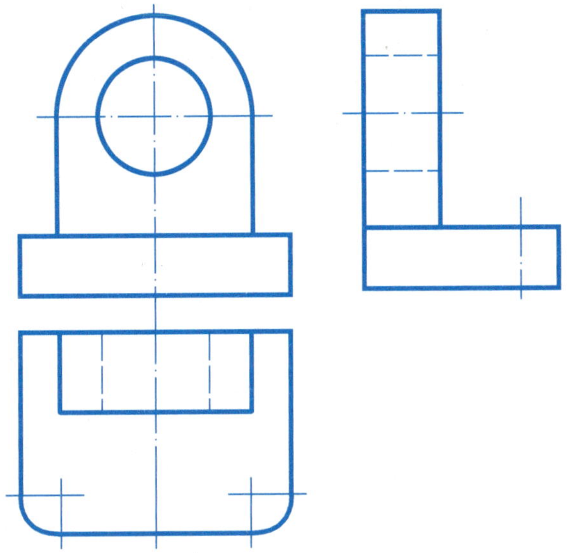

3. 画物体的斜二测图。

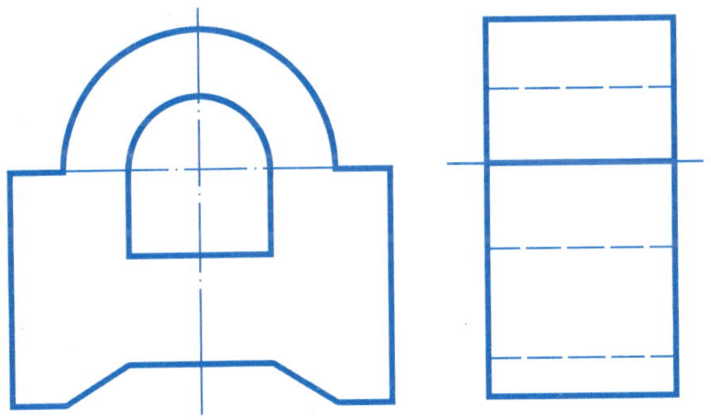

4. 画物体的斜二测图。

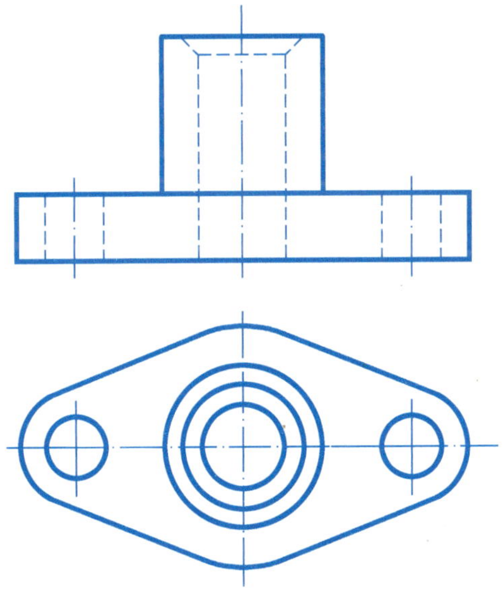

第五章 组　合　体

5—1 根据组合体立体图画三视图(尺寸由轴测图直接量取)	班级		姓名		学号		页次	18

1.

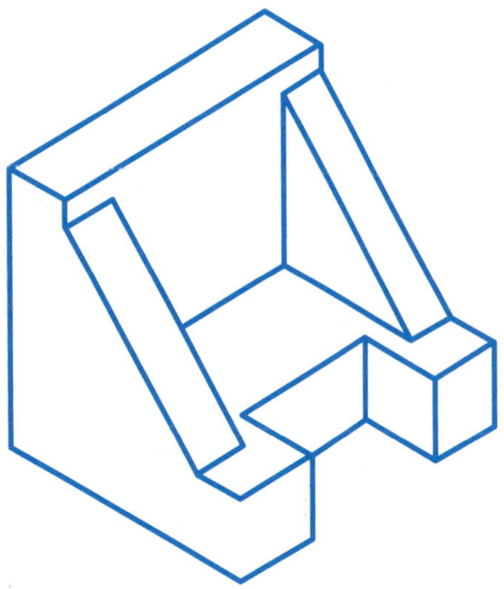

2.

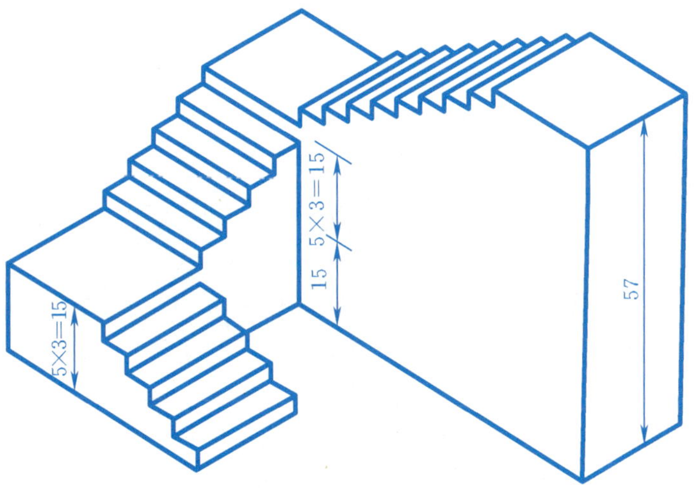

3.

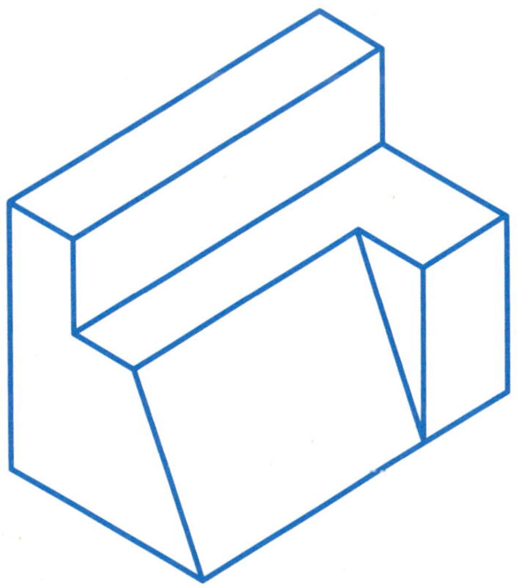

4.

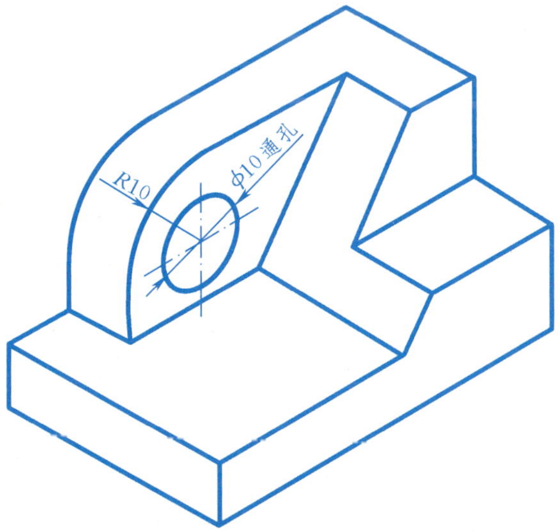

5—2 在三视图上标注尺寸(尺寸按1∶1从图中量取)

班级		姓名		学号		页次	19

1.

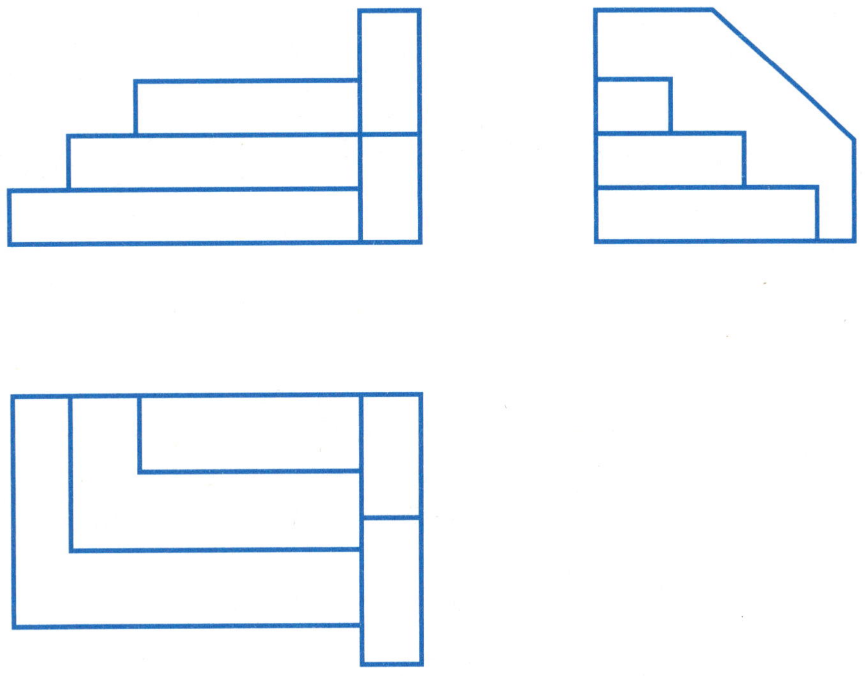

2.

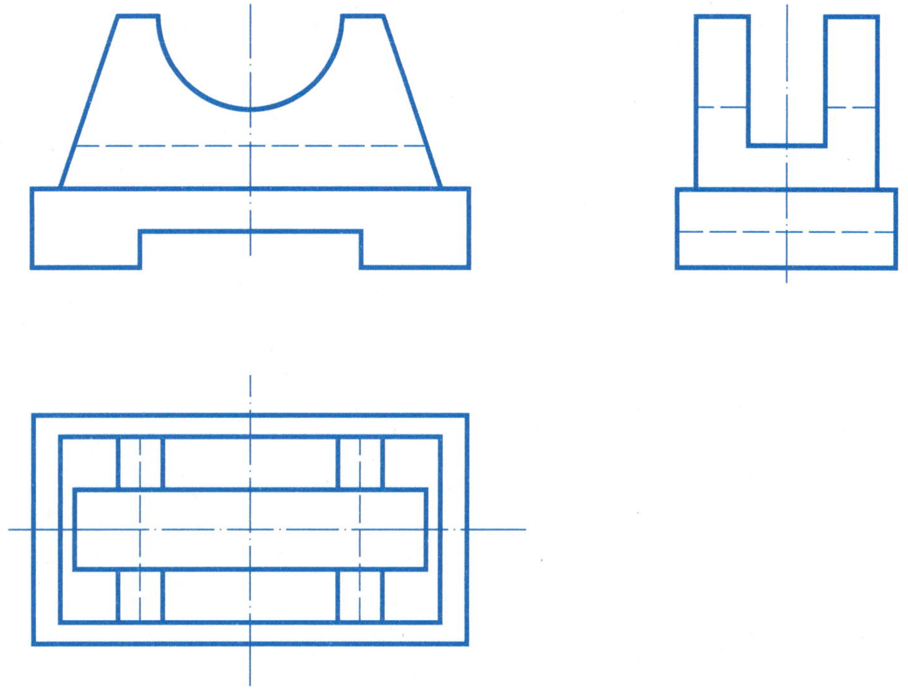

3.

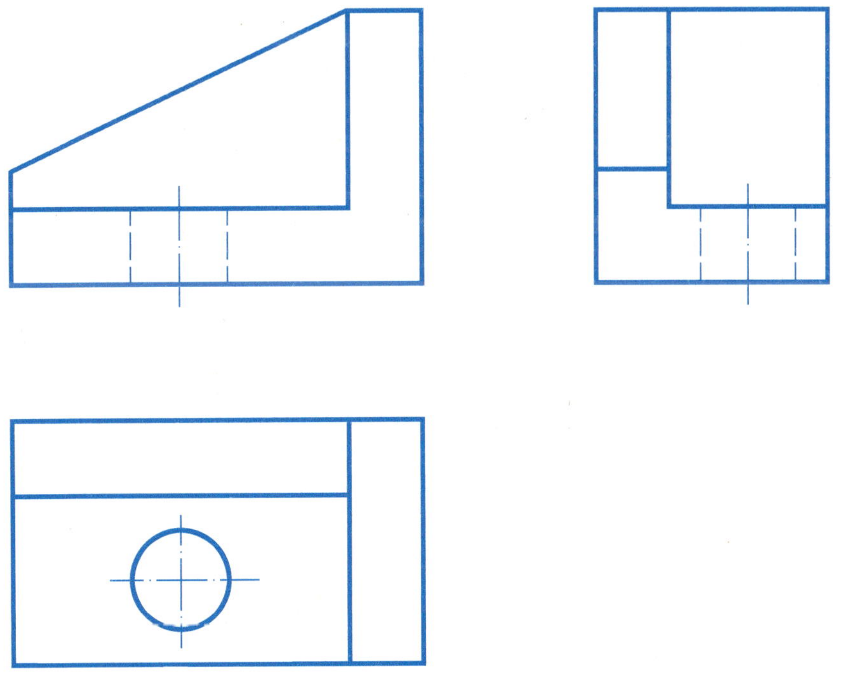

4.

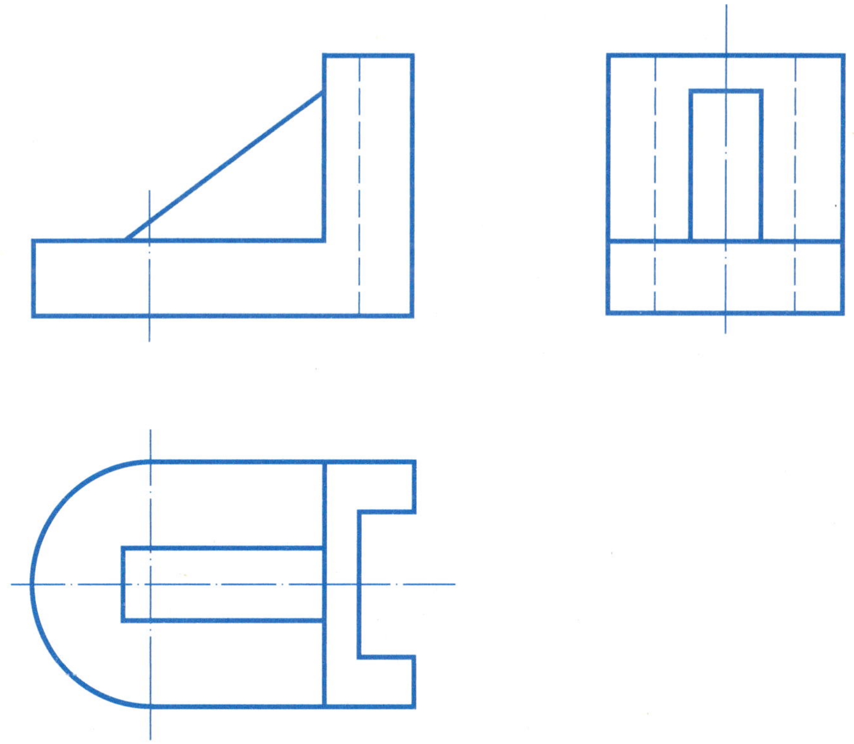

5—3 组合体大作业	班级		姓名		学号		页次	20

根据轴测图绘制三视图并标注尺寸。

一、目的和要求

1. 目的：进一步理解与巩固“物”与“图”之间的对应关系。运用形体分析法绘制组合体三视图并标注尺寸。
2. 要求：完整表达组合体的内外形并按相应专业的国家标准标注尺寸。

二、图名、图幅、比例

1. 图名：组合体三视图。
2. 图幅：A3 图纸。
3. 比例：自定。

三、绘图注意事项

1. 按图纸大小及轴测图的尺寸选择适当的比例。注意三视图中应预留标注尺寸的位置。画出各视图的基准与对称中心线。
2. 逐步画出组合体各部分的视图。
3. 标注尺寸以尺寸完整、符合标准、配置适当为原则。
4. 完成底稿仔细检查后再用铅笔加粗。
5. 图面质量与标题栏的填写要求同第一次制图作业。

1.

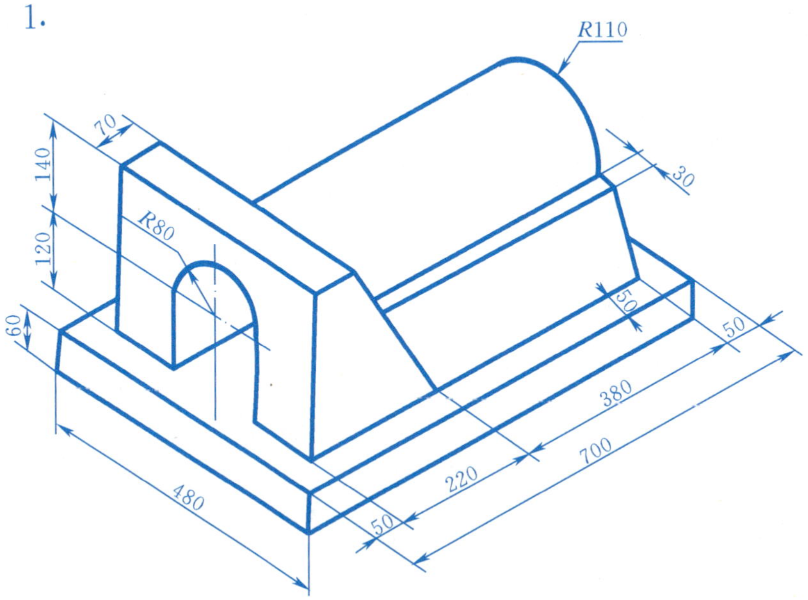

2.

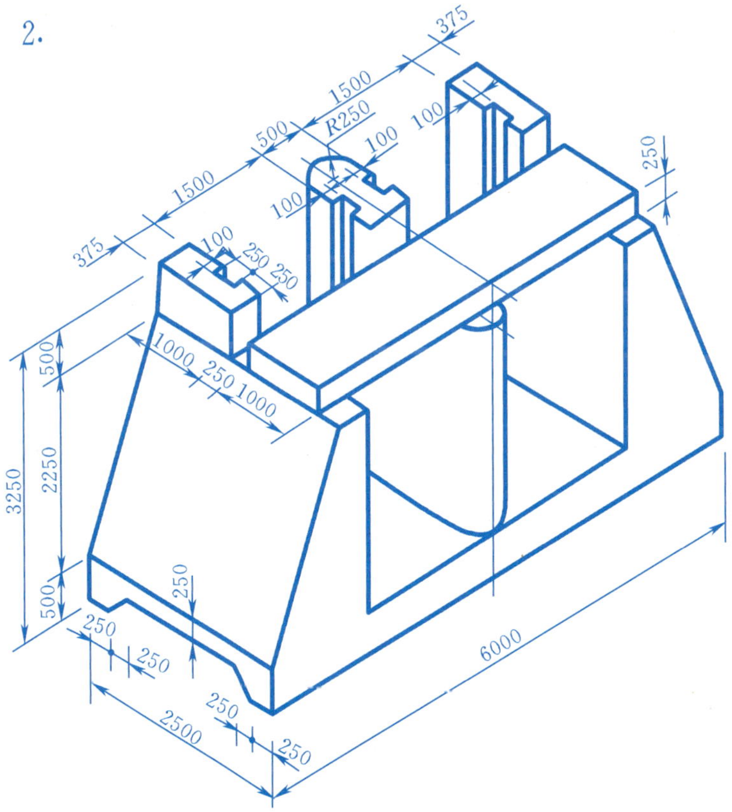

5—4 补绘视图中遗漏的图线	班级		姓名		学号		页次	21

1.

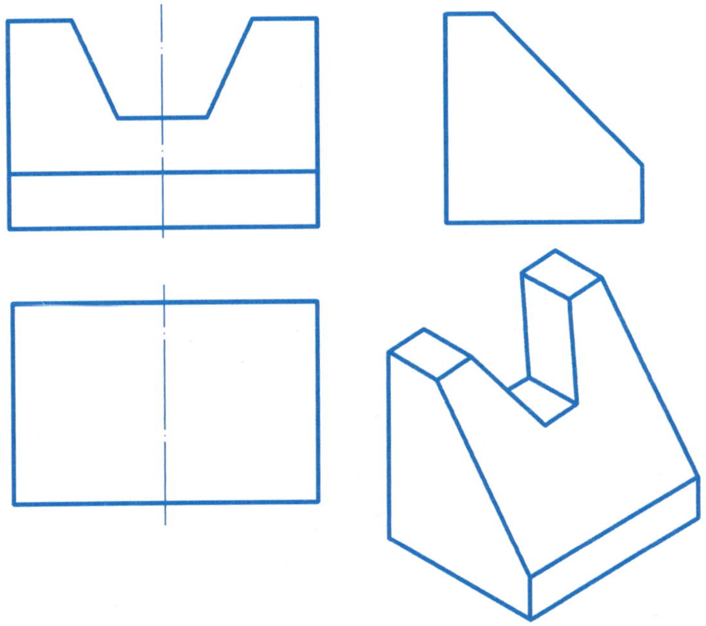

2.

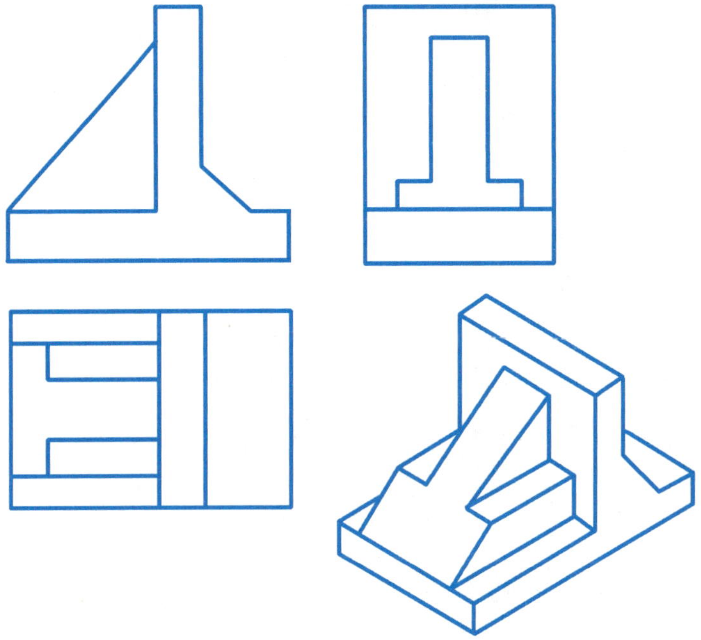

3.

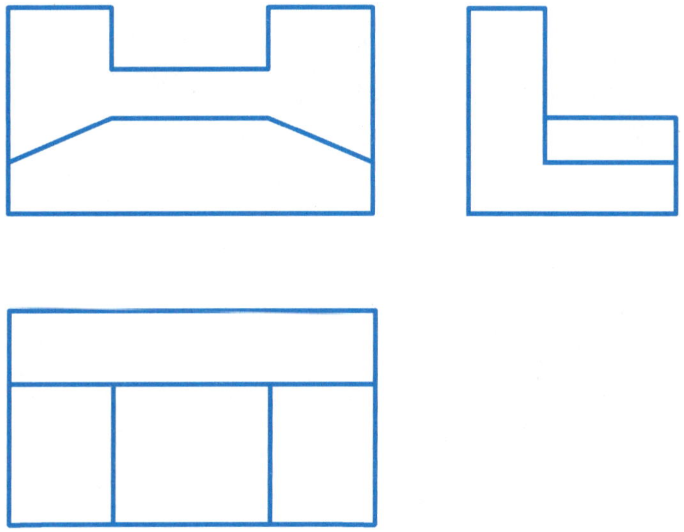

4.

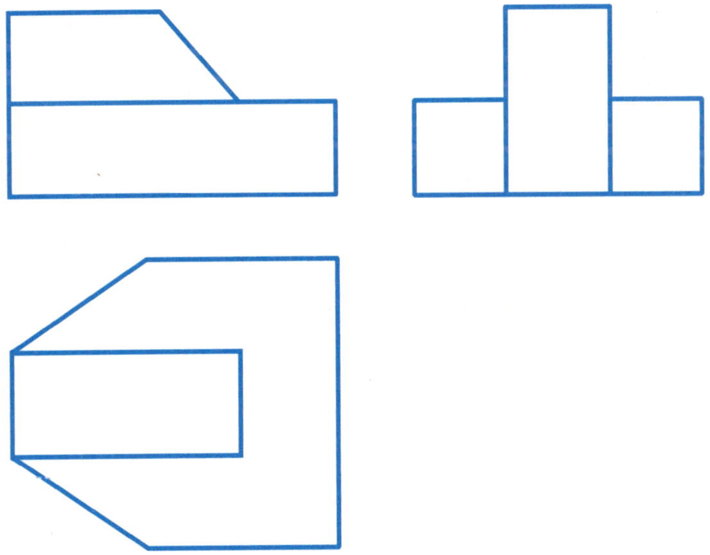

5.

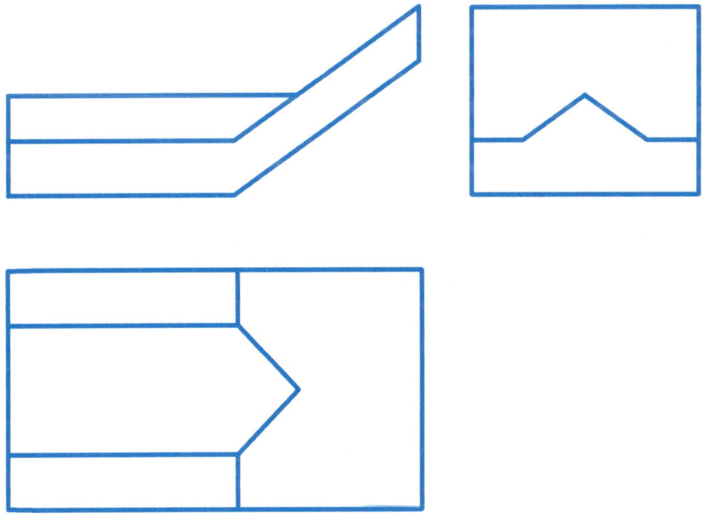

6.

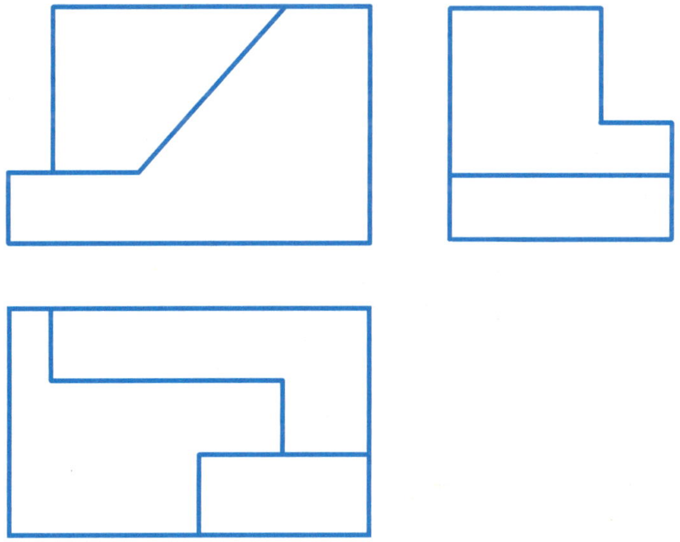

5—5 根据形体的二面投影补绘第三面投影（一）	班级		姓名		学号		页次	22

1.

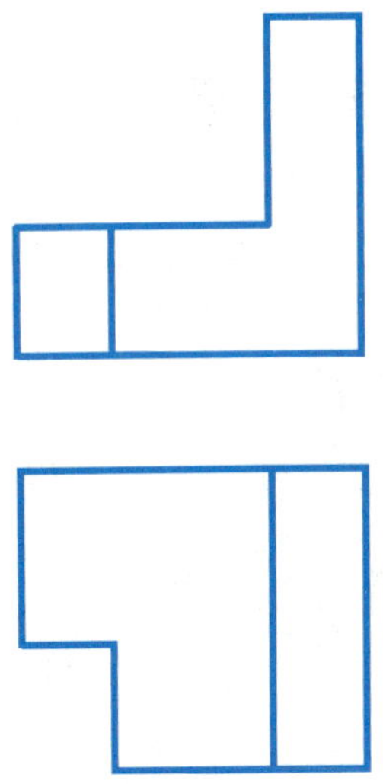

2.

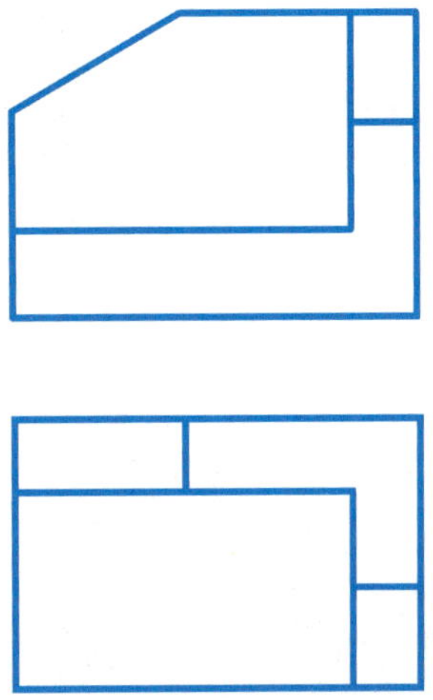

3.

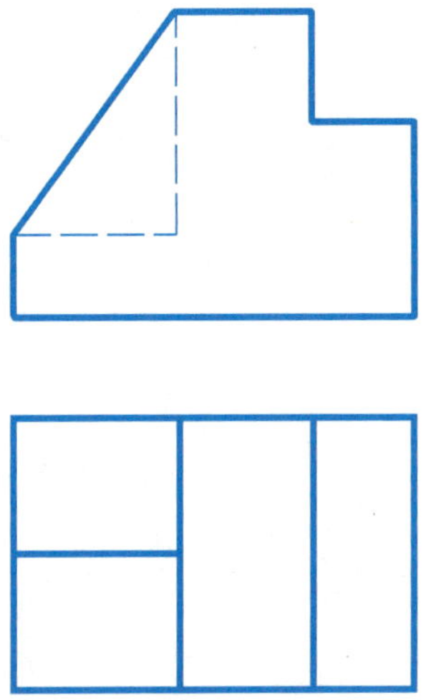

4.

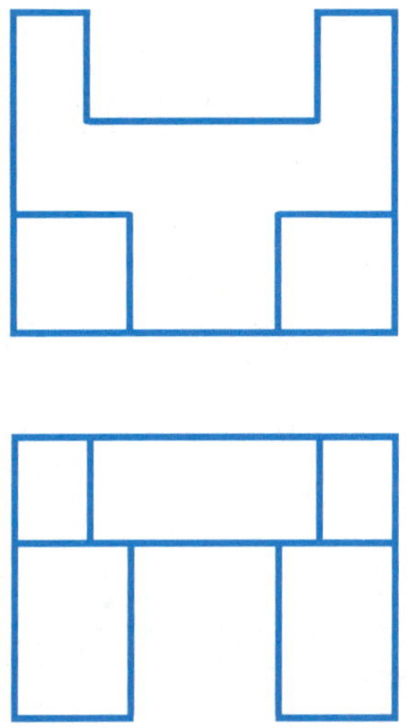

5.

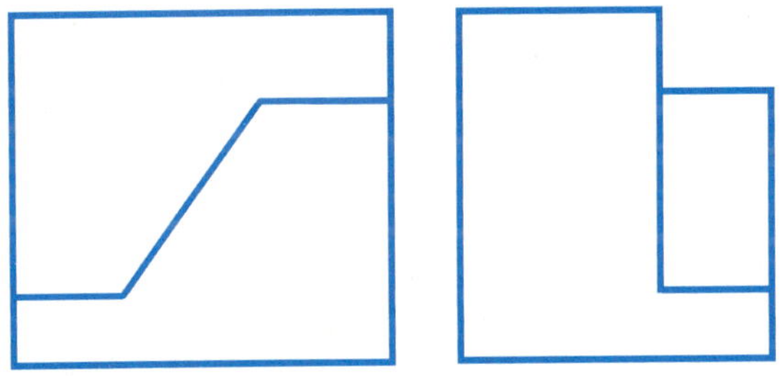

6.

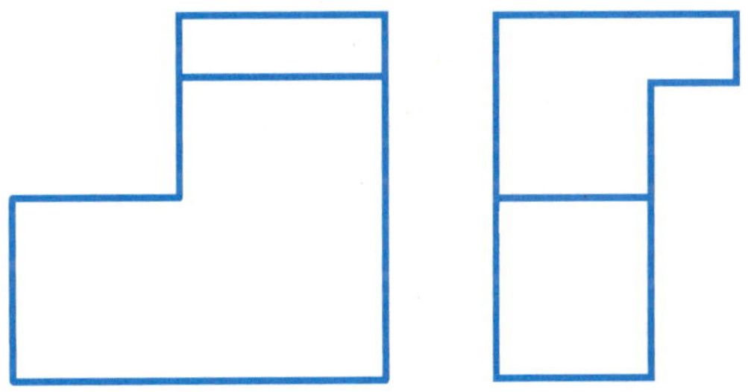

7.

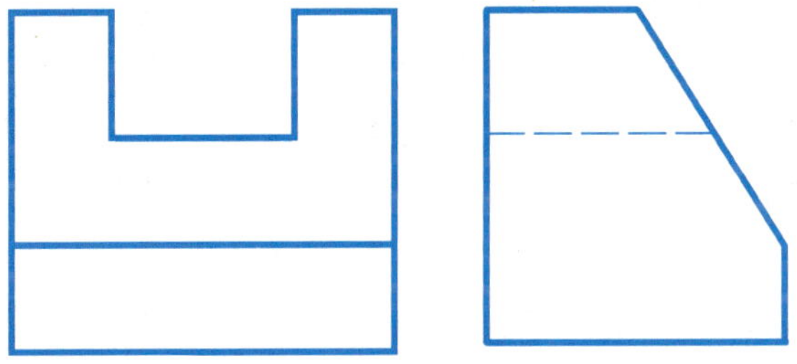

8.

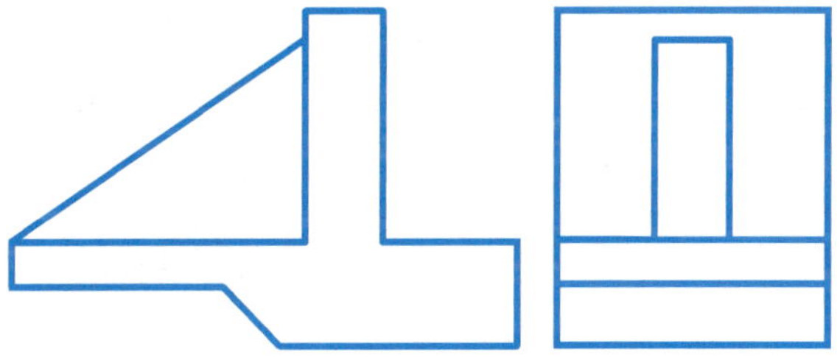

5—6 根据形体的二面投影补绘第三面投影（二）

班级		姓名		学号		页次	23

9.

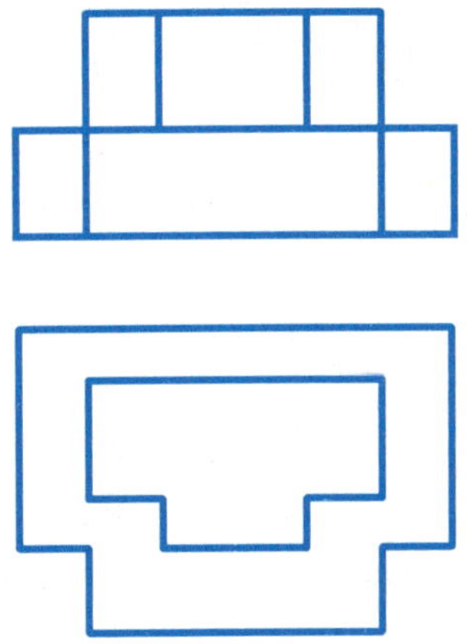

10.

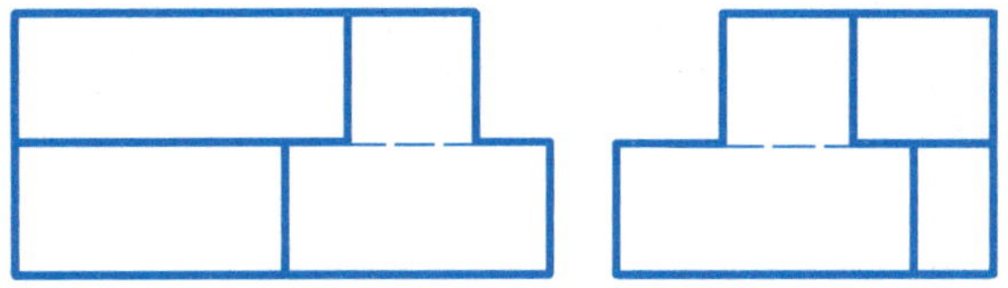

11.

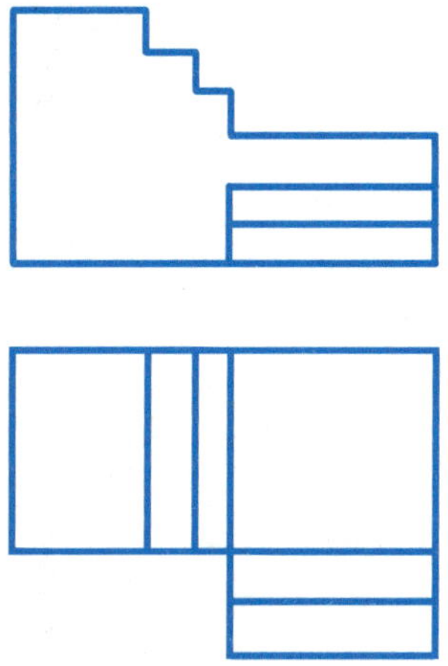

12.

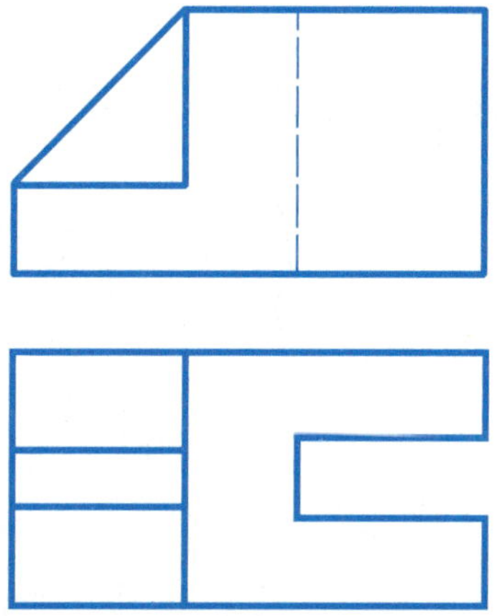

13.

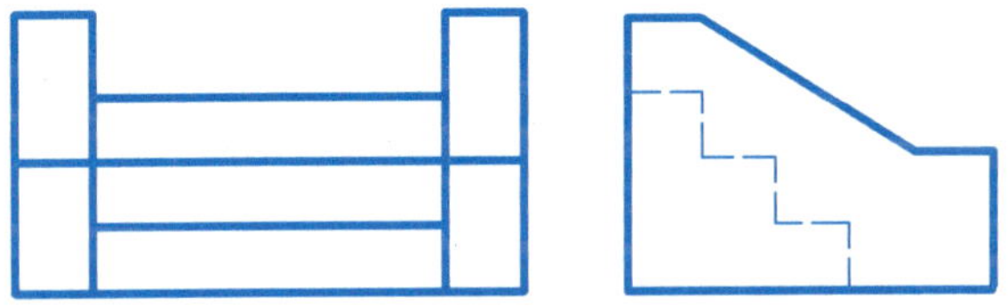

14.

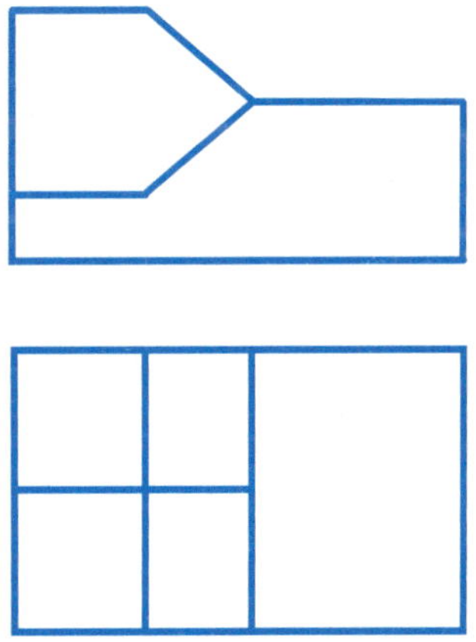

15.

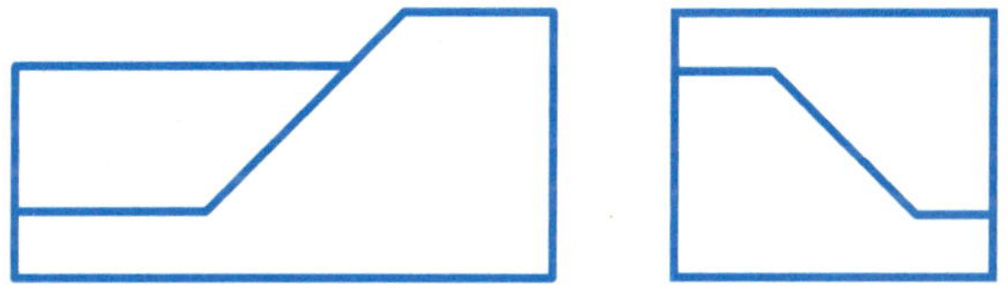

16.

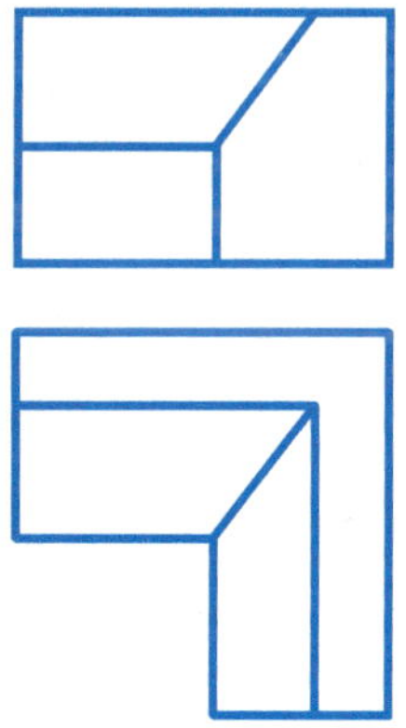

5—7 根据形体的二面投影补绘第三面投影（三）	班级		姓名		学号		页次	24

17.

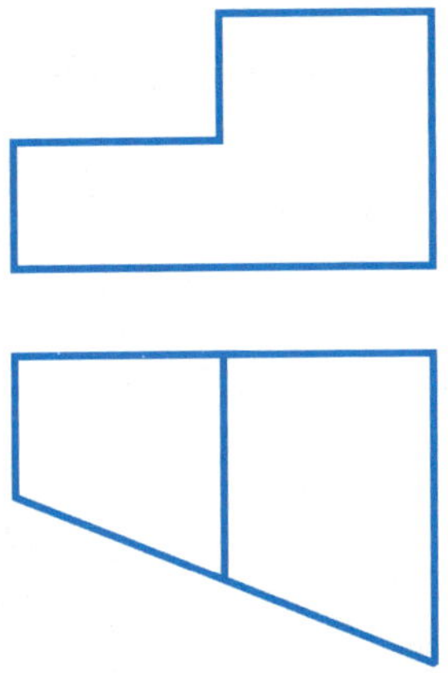

18.

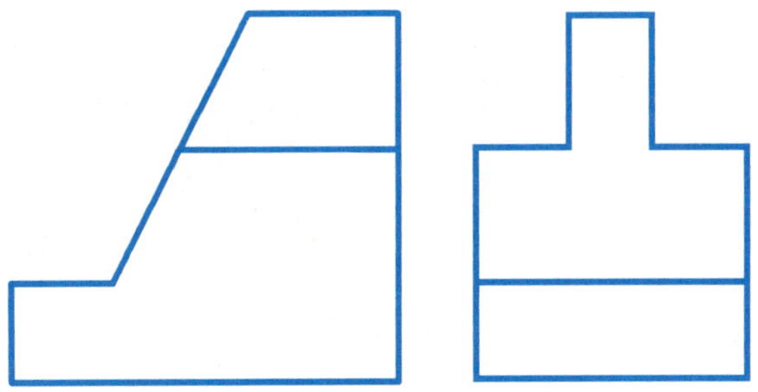

19.

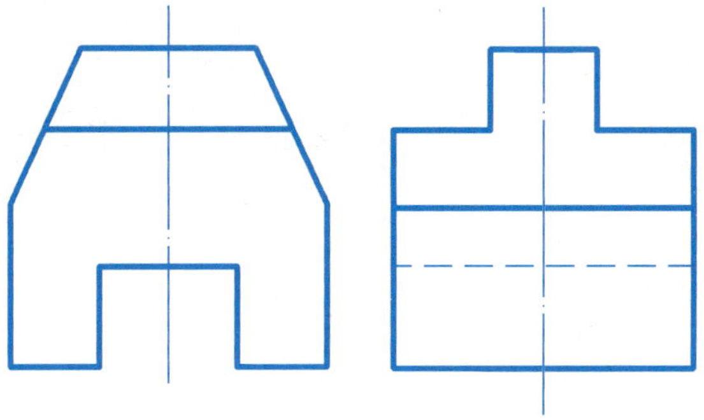

20.

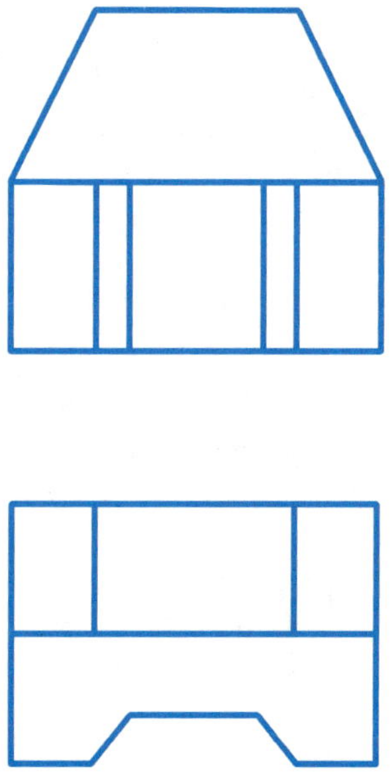

21.

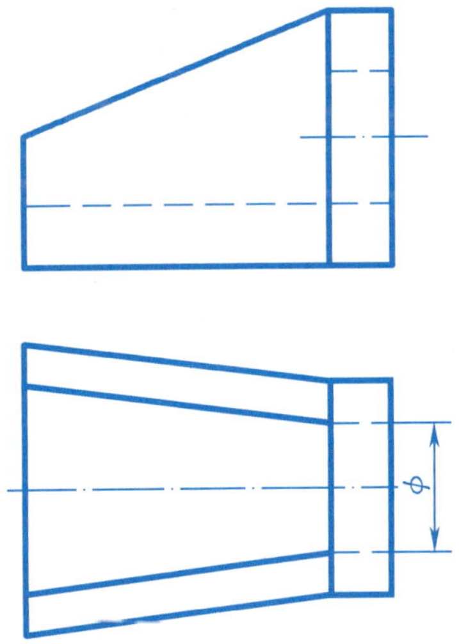

22.

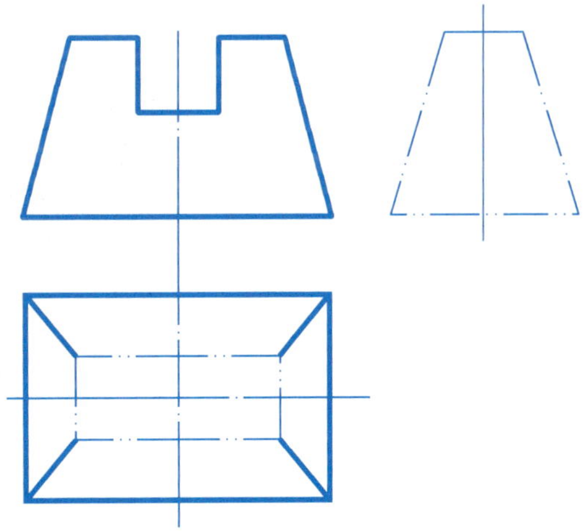

23.

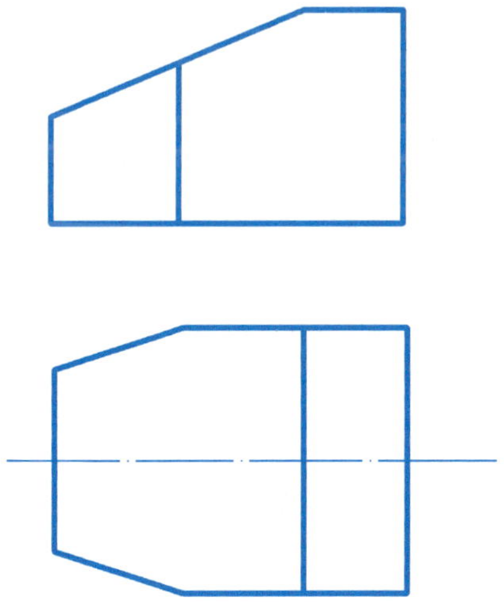

24.

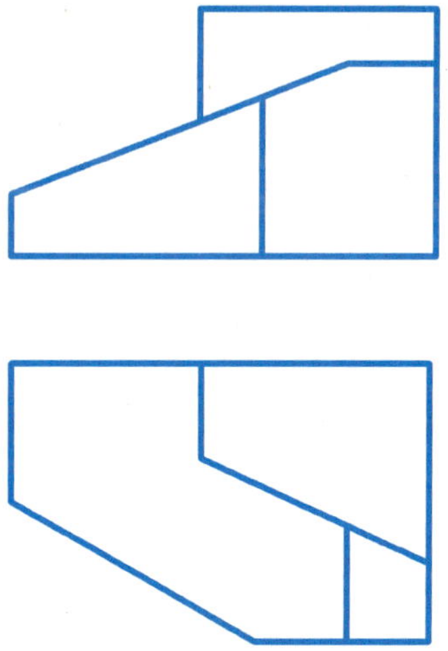

第六章　视图、剖视图和断面图

6—1 视图	班级		姓名		学号		页次	25

1. 根据轴测图，以箭头所指方向作为正视图的投影方向，在指定位置画出六面基本视图。

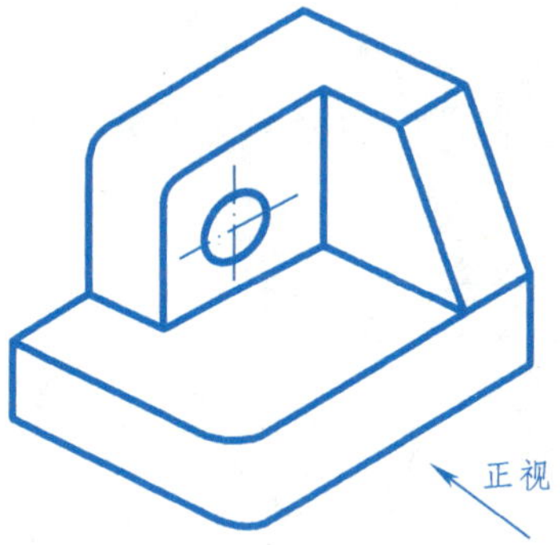

2. 在指定位置画出 A 向视图。

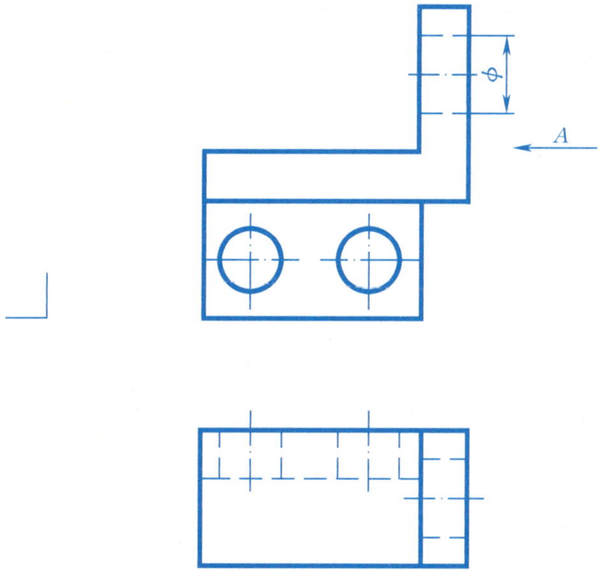

3. 根据轴测图，画出必要的基本视图、局部视图和斜视图。

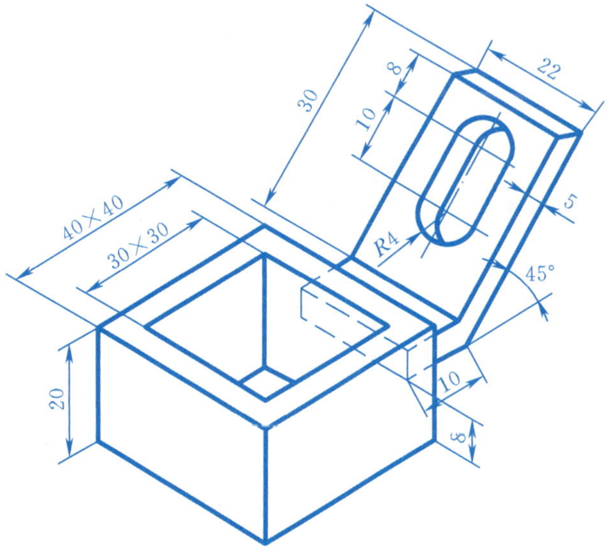

4. 选择正确的局部视图。

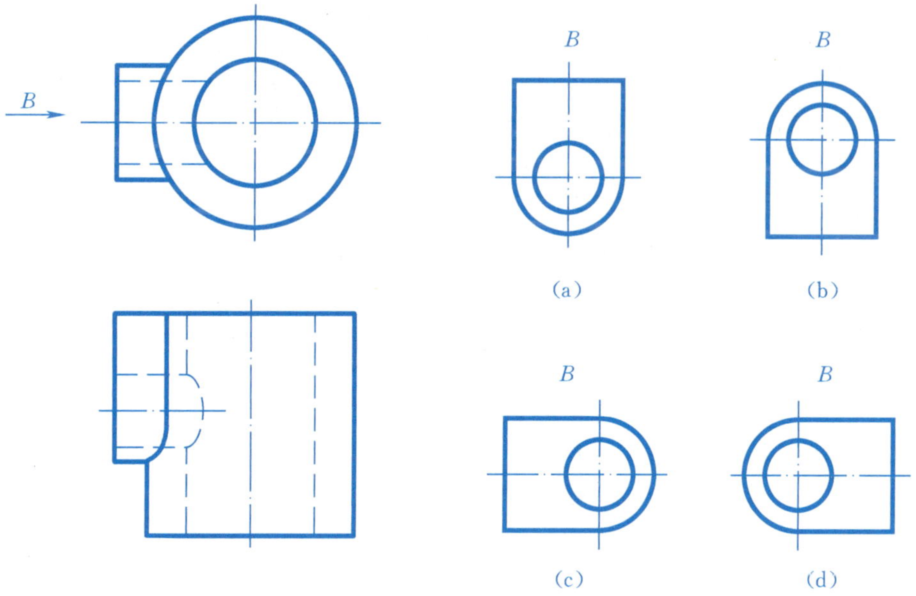

6—2 单一全剖视图（一）	班级		姓名		学号		页次	26

1. 补画剖视图中的漏线。

(1)

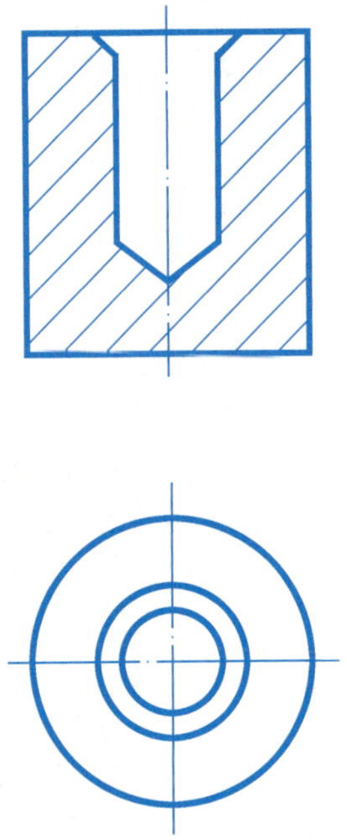

(2)

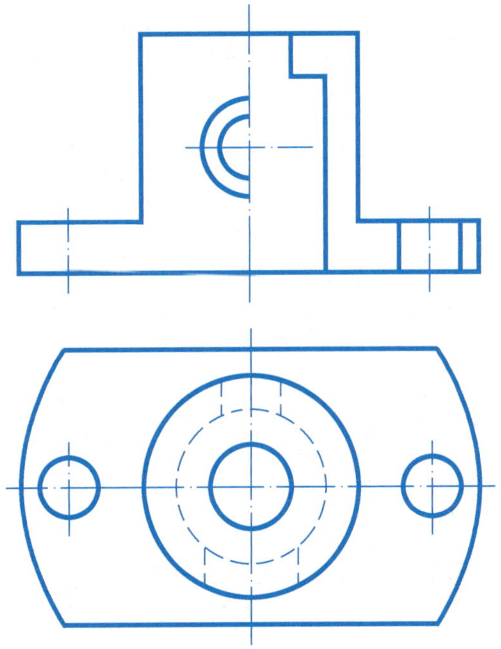

(3)

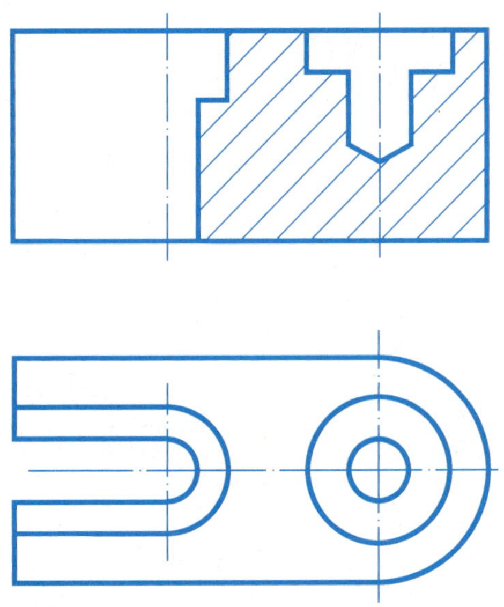

(4)

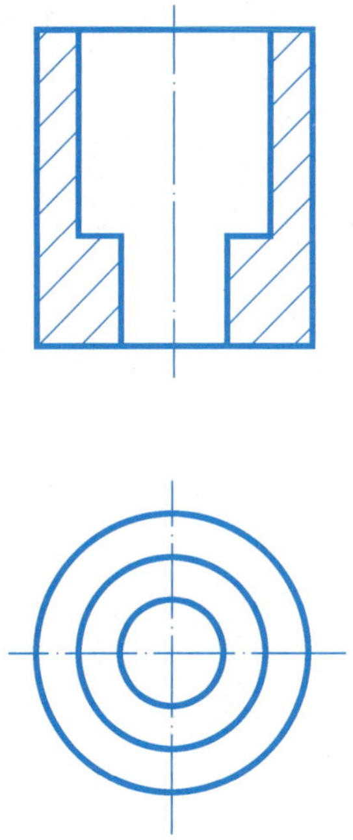

2. 作1—1、2—2剖视图（材料：金属）。

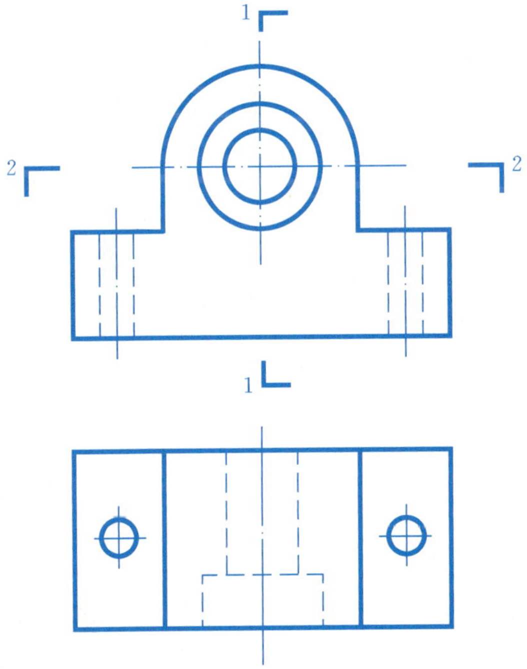

3. 作1—1剖视图（材料：浆砌块石）。

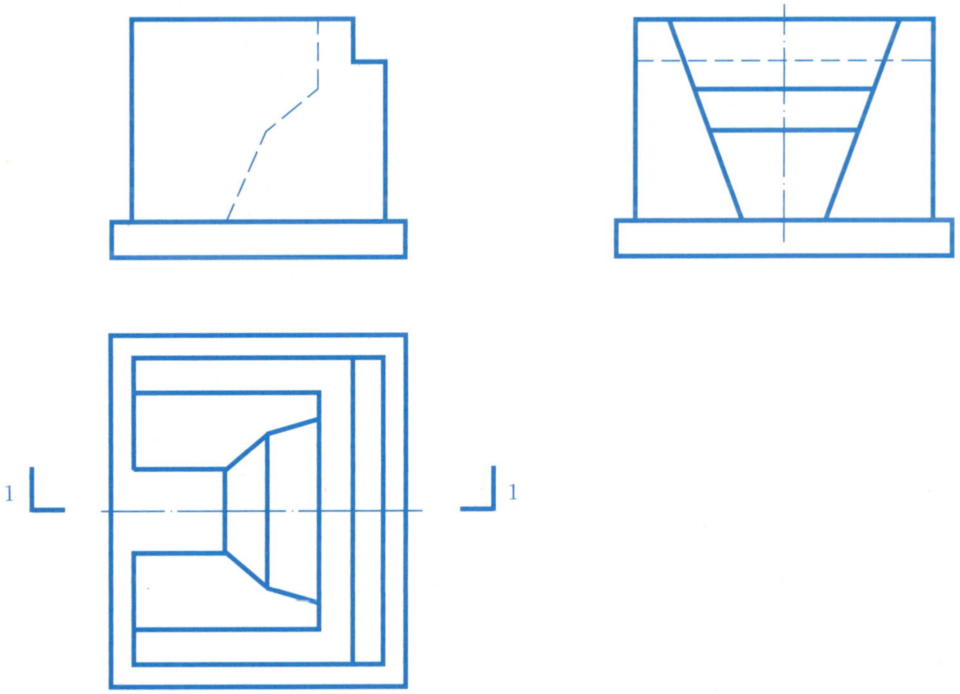

4. 补画1—1全剖视图。

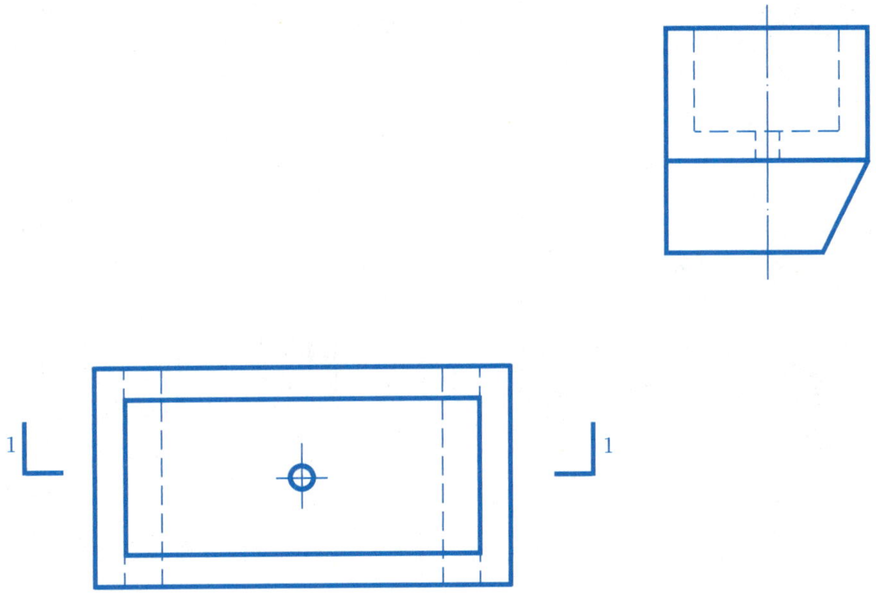

5. 作出形体的2—2剖视图。

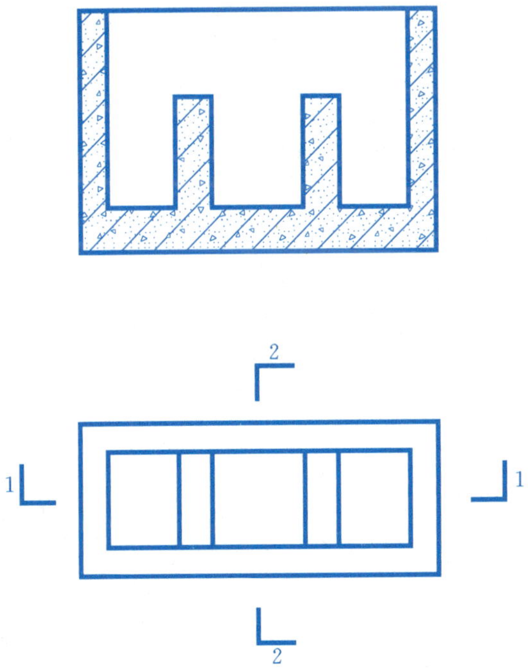

6. 将下列形体的正视图改画成全剖视图。

(1)

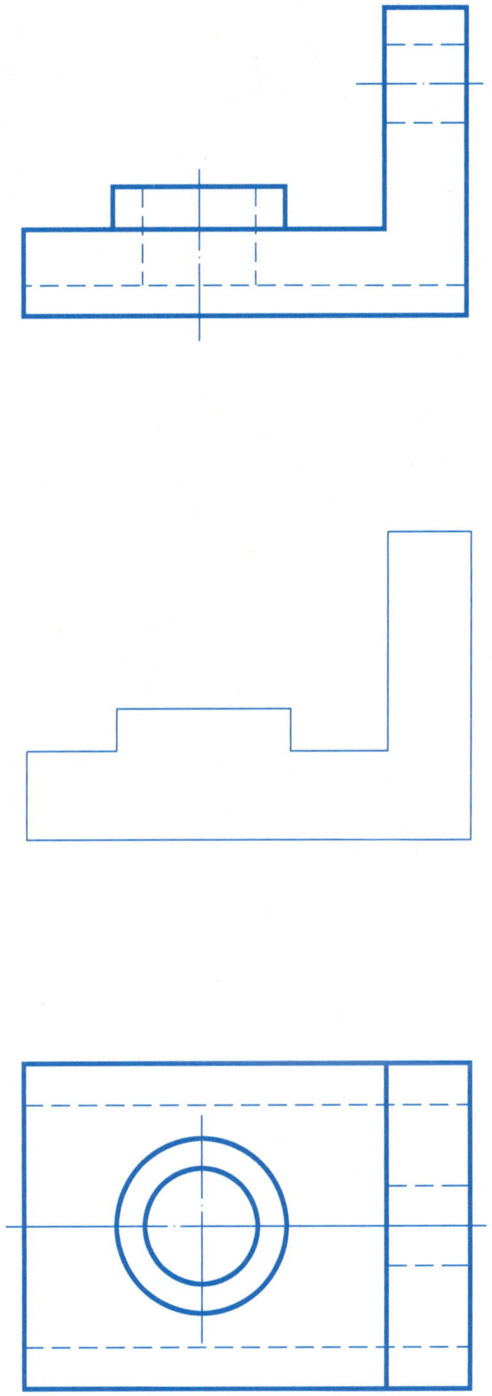

(2)

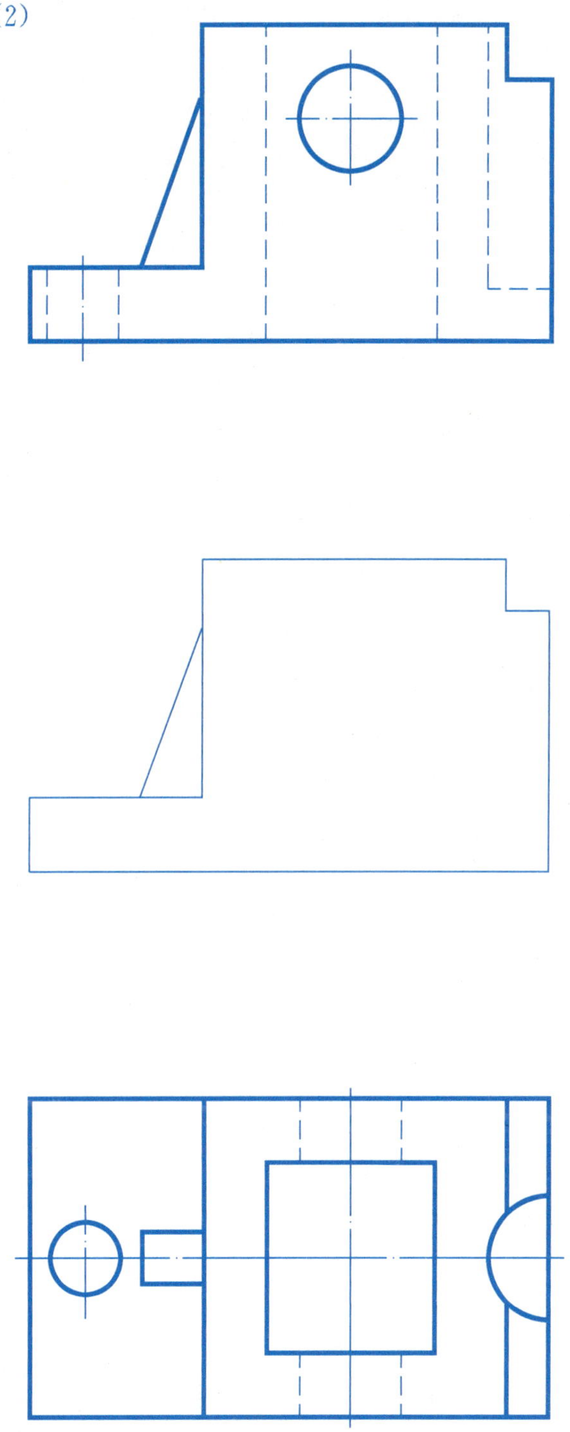

1. 将正视图改画成半剖视图，并补画全剖左视图（材料：金属）。

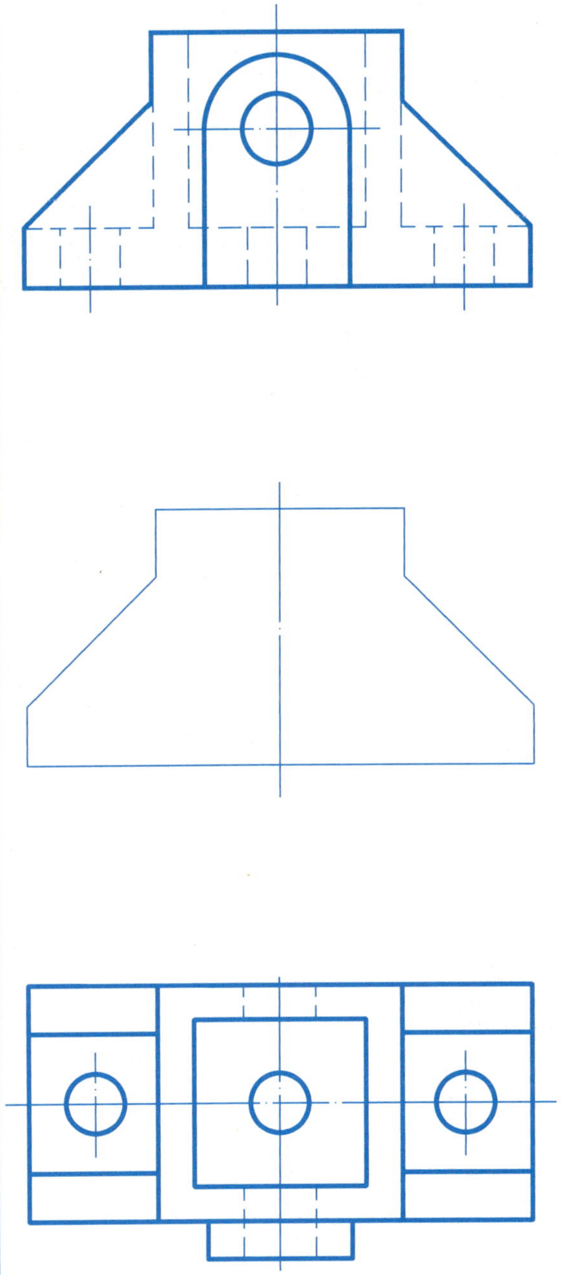

2. 将正视图和左视图改画成局部剖视图（材料：金属）。

(1)

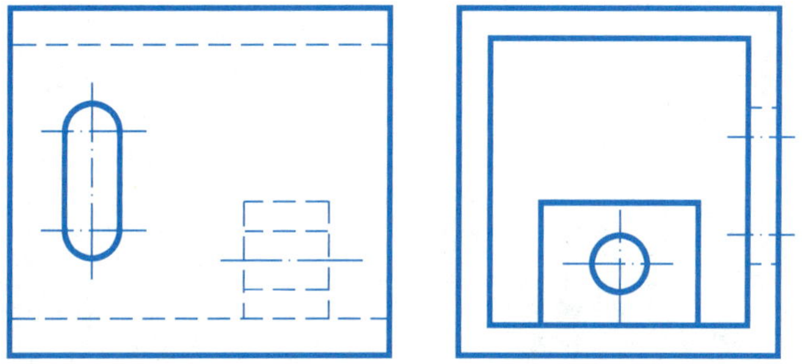

(2)

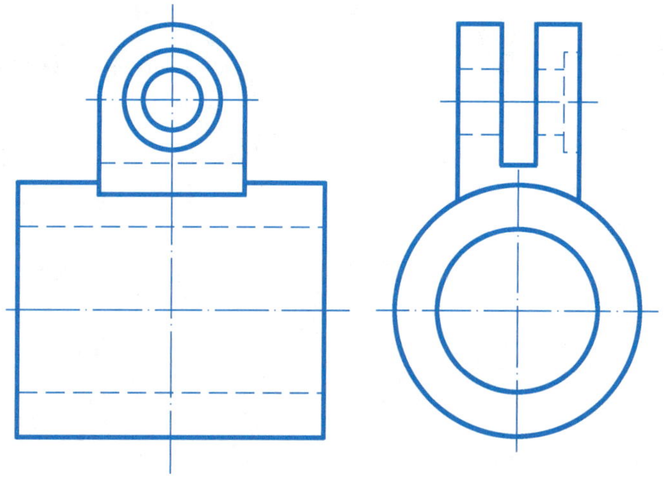

3. 补画1—1、2—2半剖视图。

(1) 材料：金属。

1—1

2—2

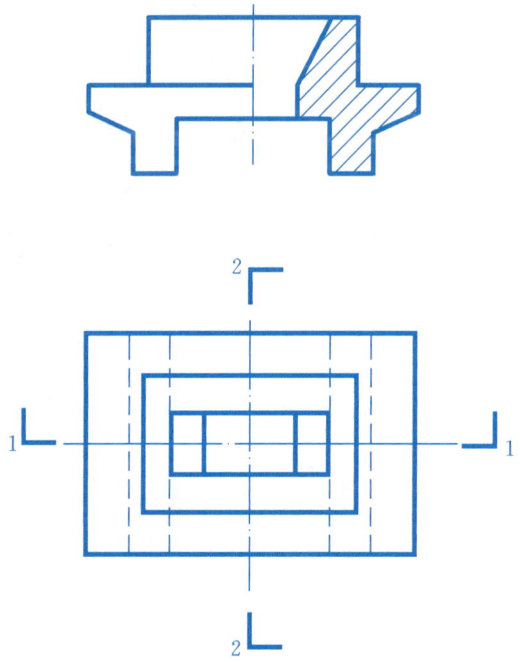

(2) 材料：钢筋混凝土。

1—1

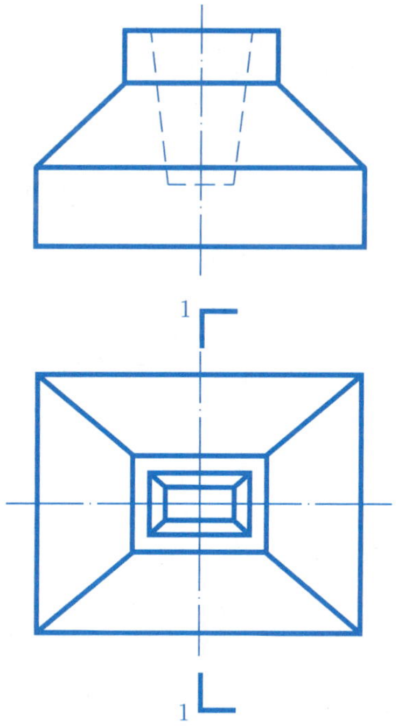

6—5 阶梯剖视图与旋转剖视图	班级		姓名		学号		页次	29

1. 按指定位置将正视图改画成阶梯剖视图（材料：钢筋混凝土）。

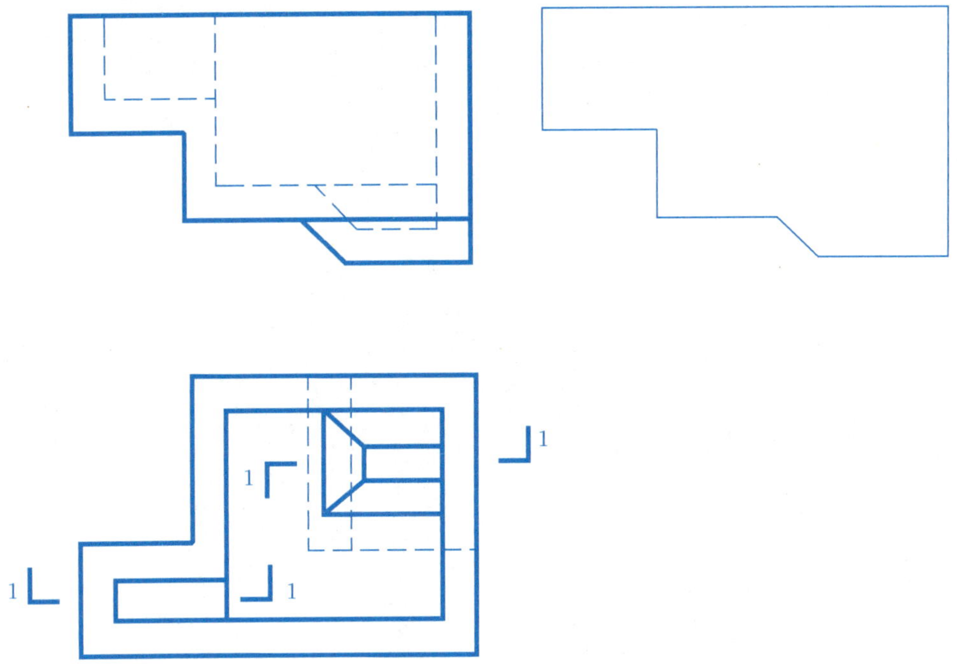

2. 按指定位置将正视图改画成1—1剖视图（材料：金属）。

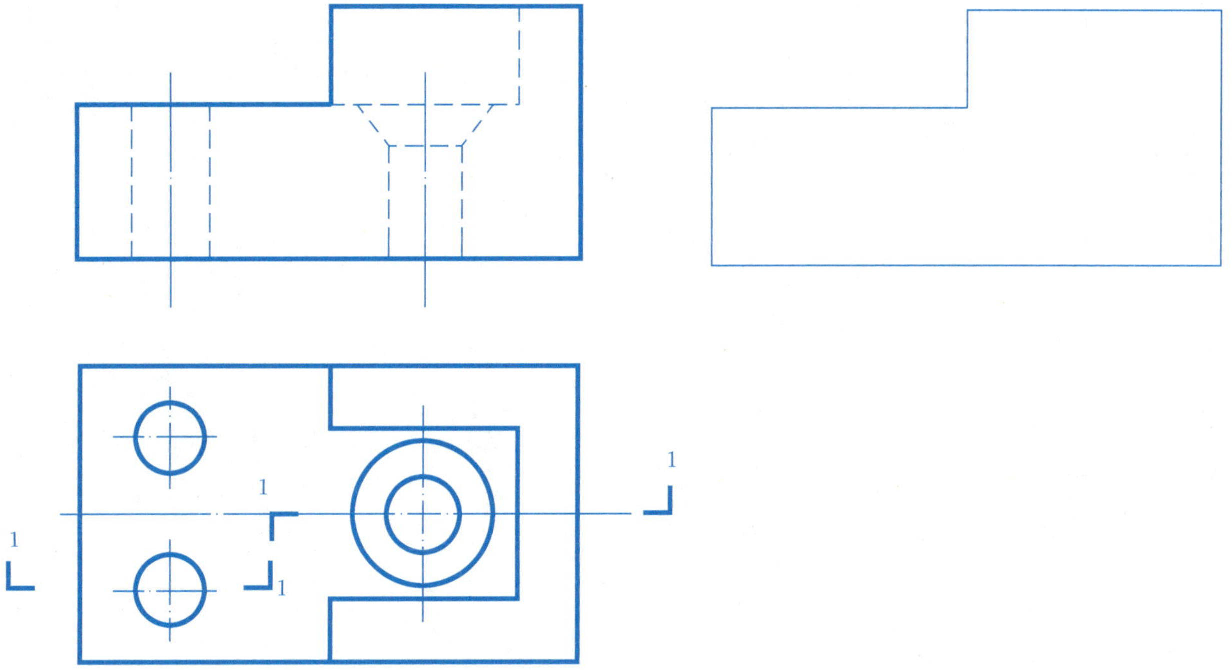

3. 按指定位置将正视图改画成旋转剖视图（材料：金属）。

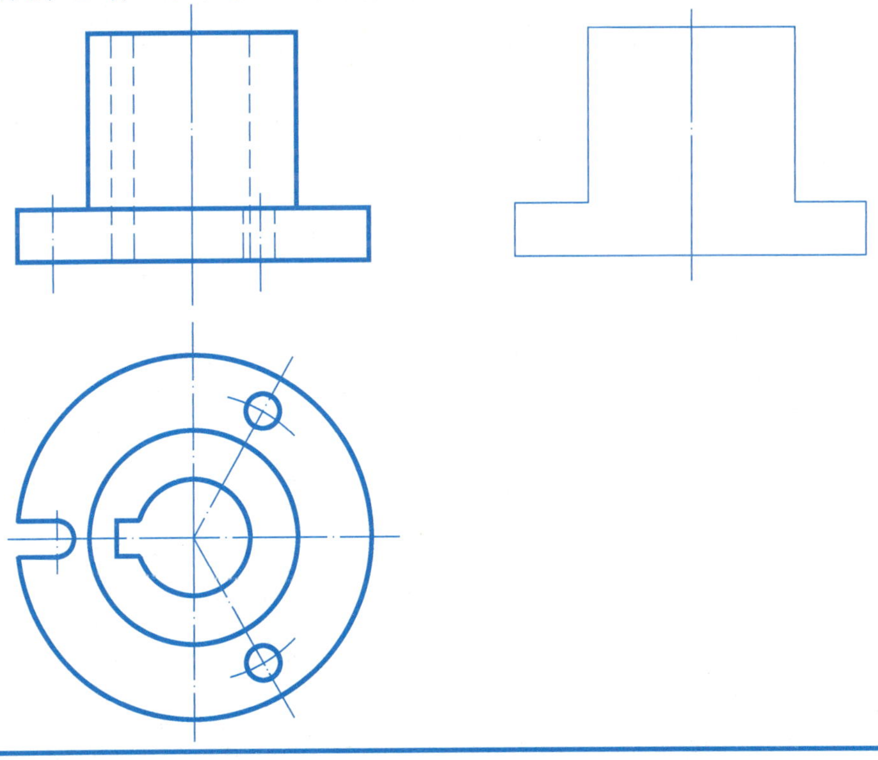

4. 按指定位置将正视图改画成旋转剖视图（材料：金属）。

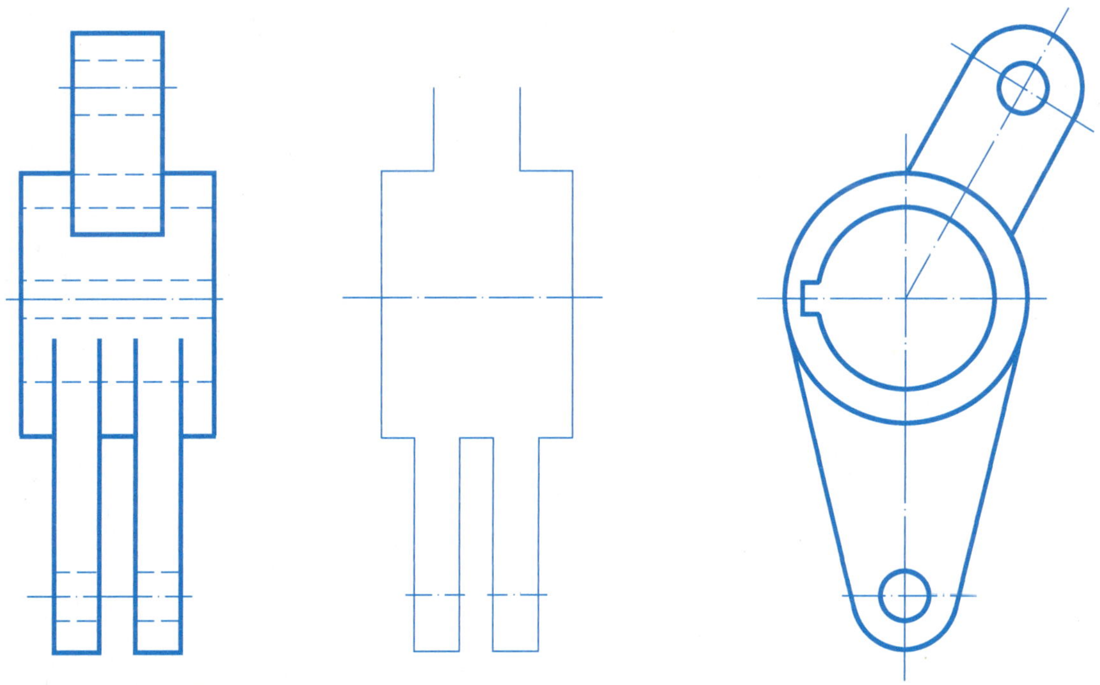

6—6 断面图	班级		姓名		学号		页次	30

1. 画出变截面梁的形体2—2、3—3的断面图（材料：钢筋混凝土）。

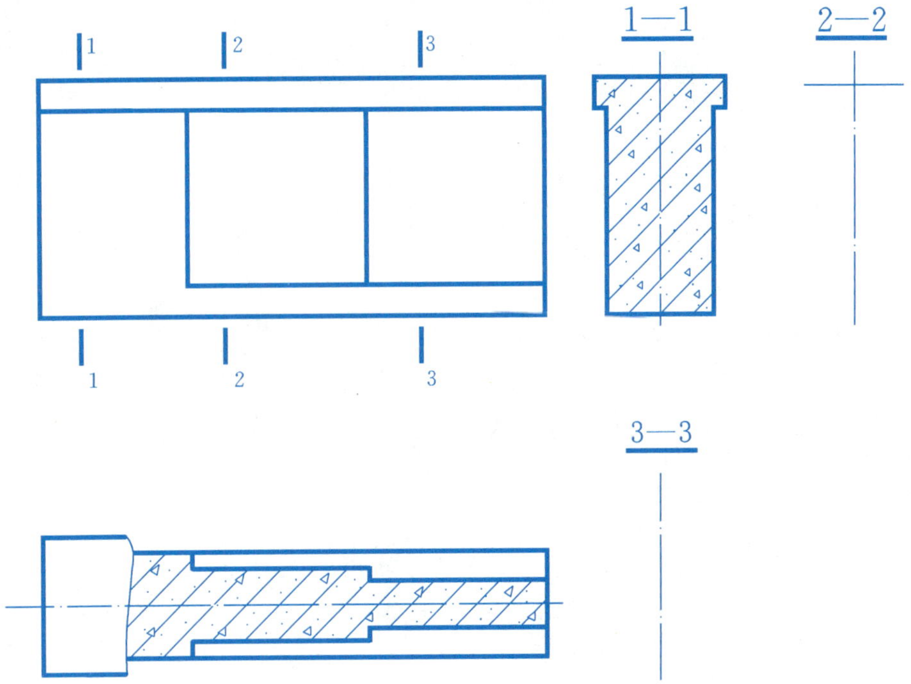

2. 在指定位置画出轴的断面图（左端键槽深4mm，右端键槽深3mm）。

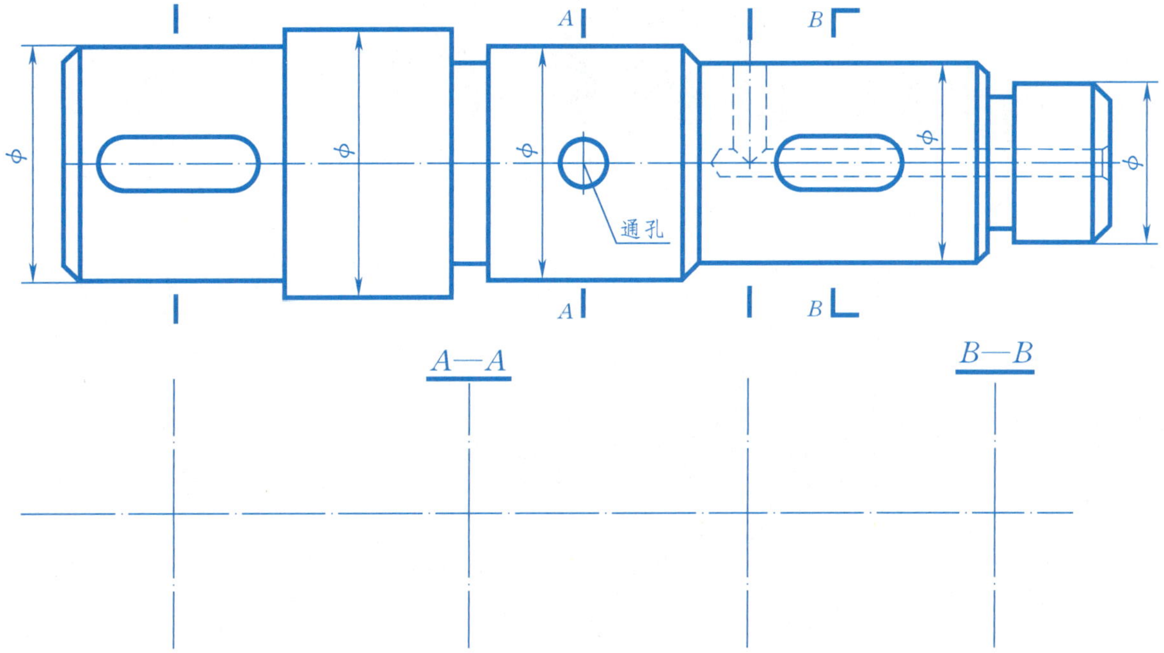

3. 作梁的1—1、2—2断面图（材料：钢筋混凝土）。

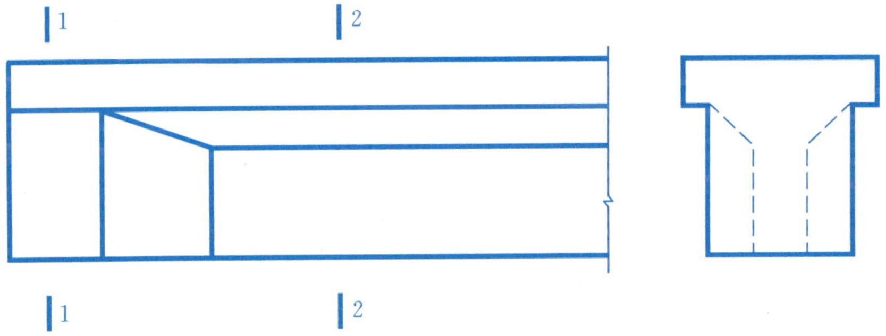

4. 作柱的1—1、2—2、3—3断面图（材料：钢筋混凝土）。

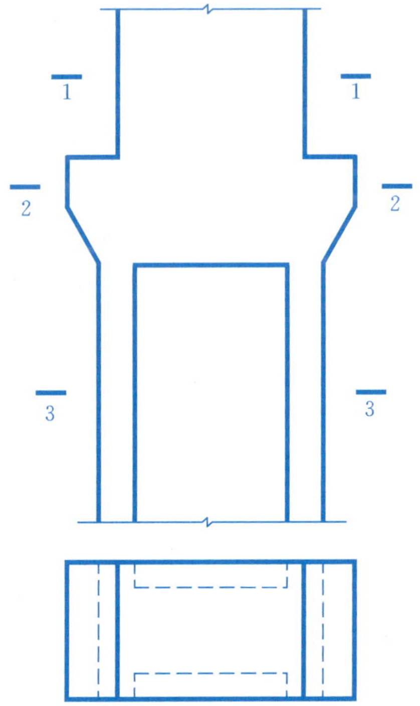

6—7 表达方法选择填空题	班级		姓名		学号		页次	31

1. 已知立体的主视图和俯视图，主视图的全剖视图正确的是（　　）。

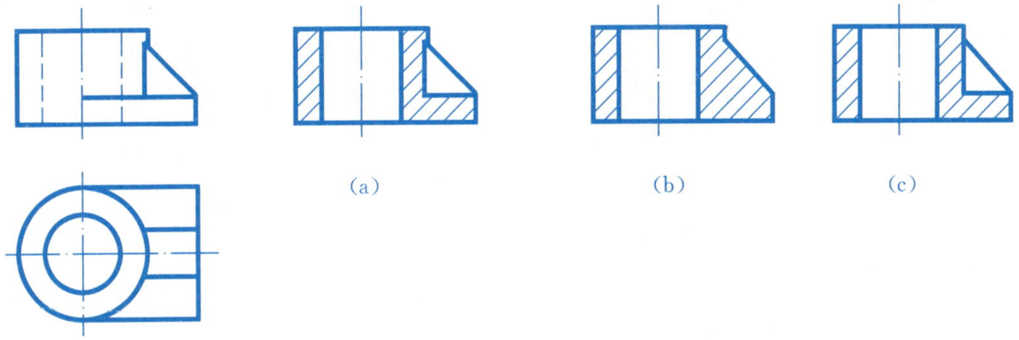

2. 下列四组移出断面图中，正确的是（　　）。

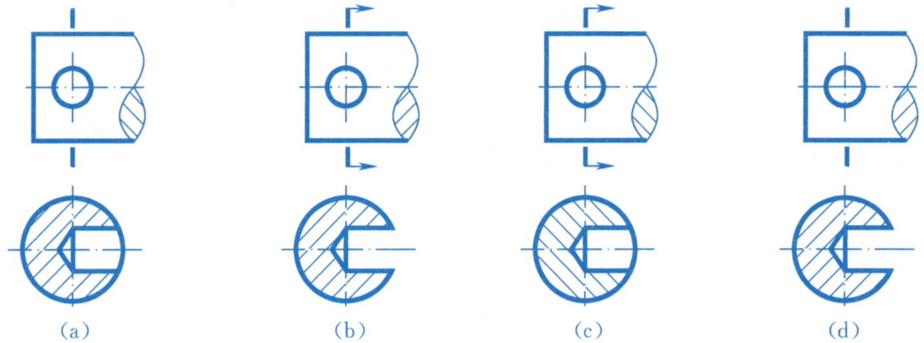

3. 下列四组重合断面图中，正确的是（　　）。

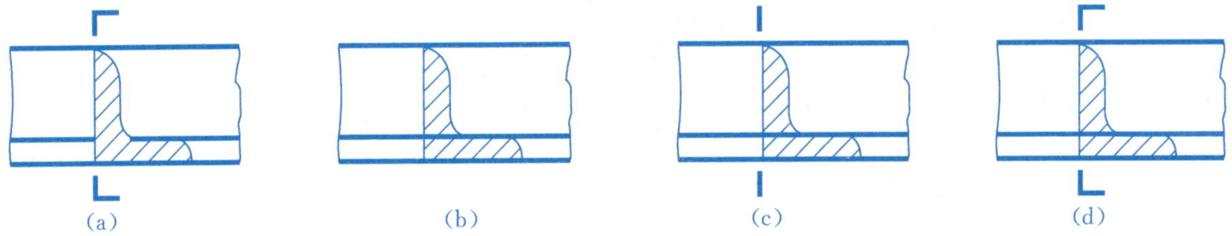

4. 下列四种 *A*—*A* 移出断面图，正确的是（　　）。

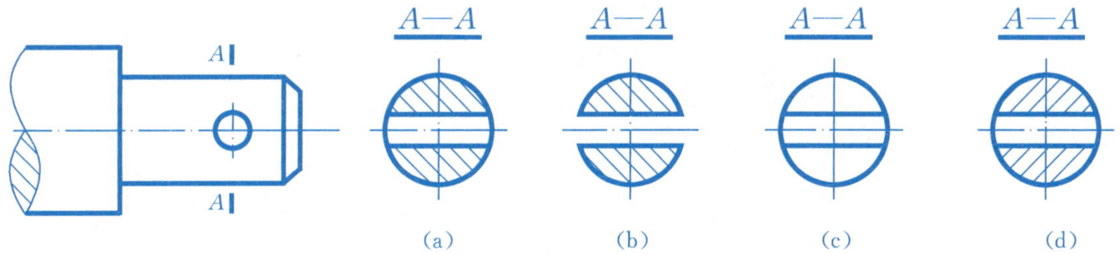

5. 已知立体的主视图和俯视图，正确的左视图是（　　）。

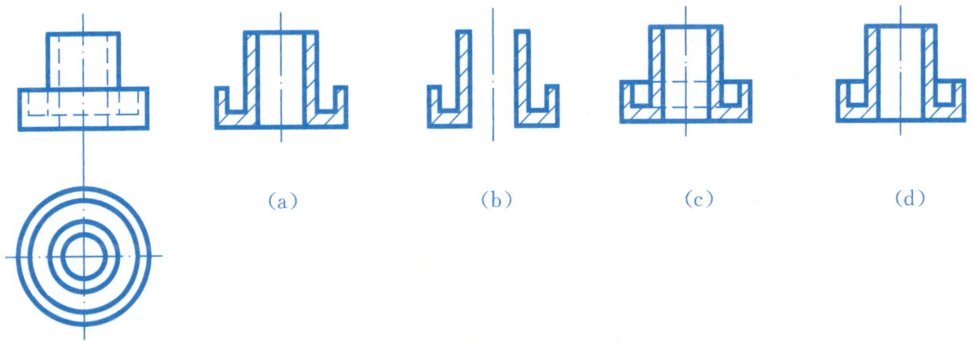

6. 下边是四种不同零件的局部剖视图，正确的局部剖视图是（　　）。

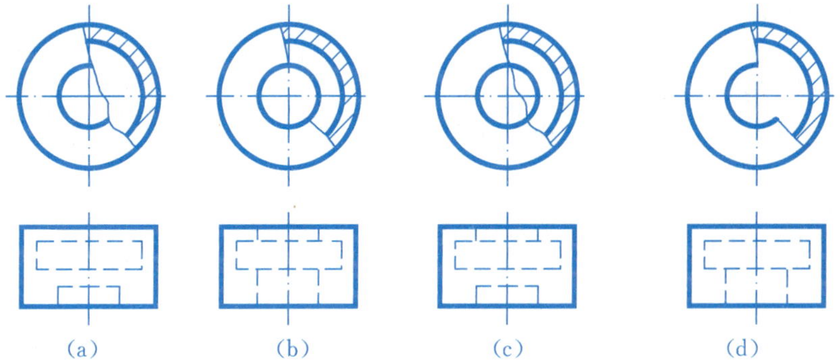

7. 下列四组剖视图中，正确的是（　　）。

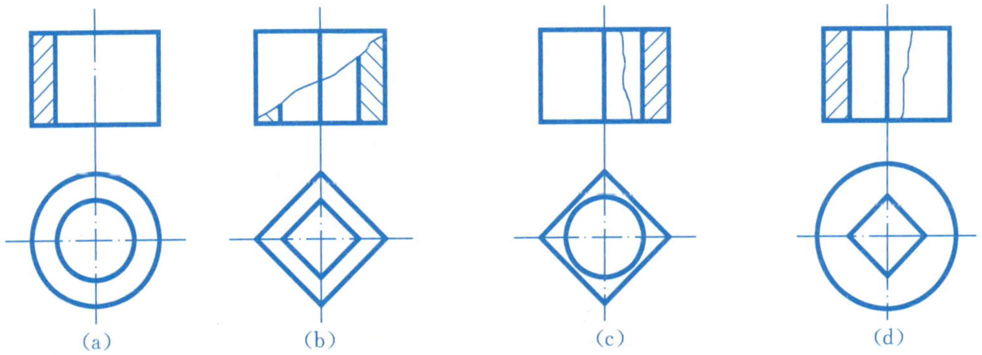

8. 已知立体的主视图和俯视图，正确的左视图是（　　）。

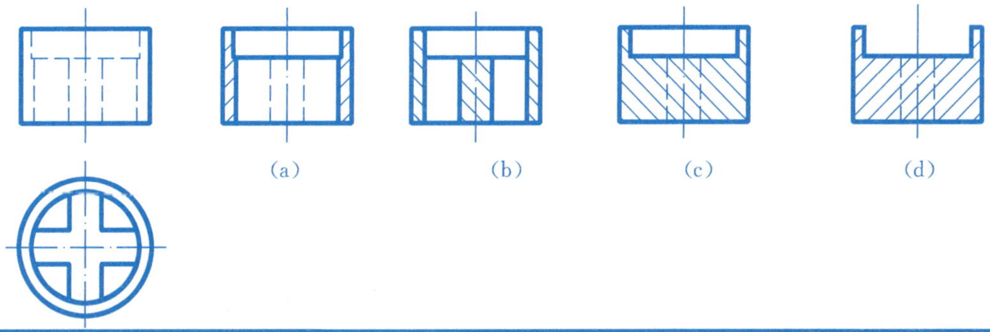

根据轴测图选择适当的表达方法，用1∶10的比例在A3图纸上画出题中工程形体的视图。

1.

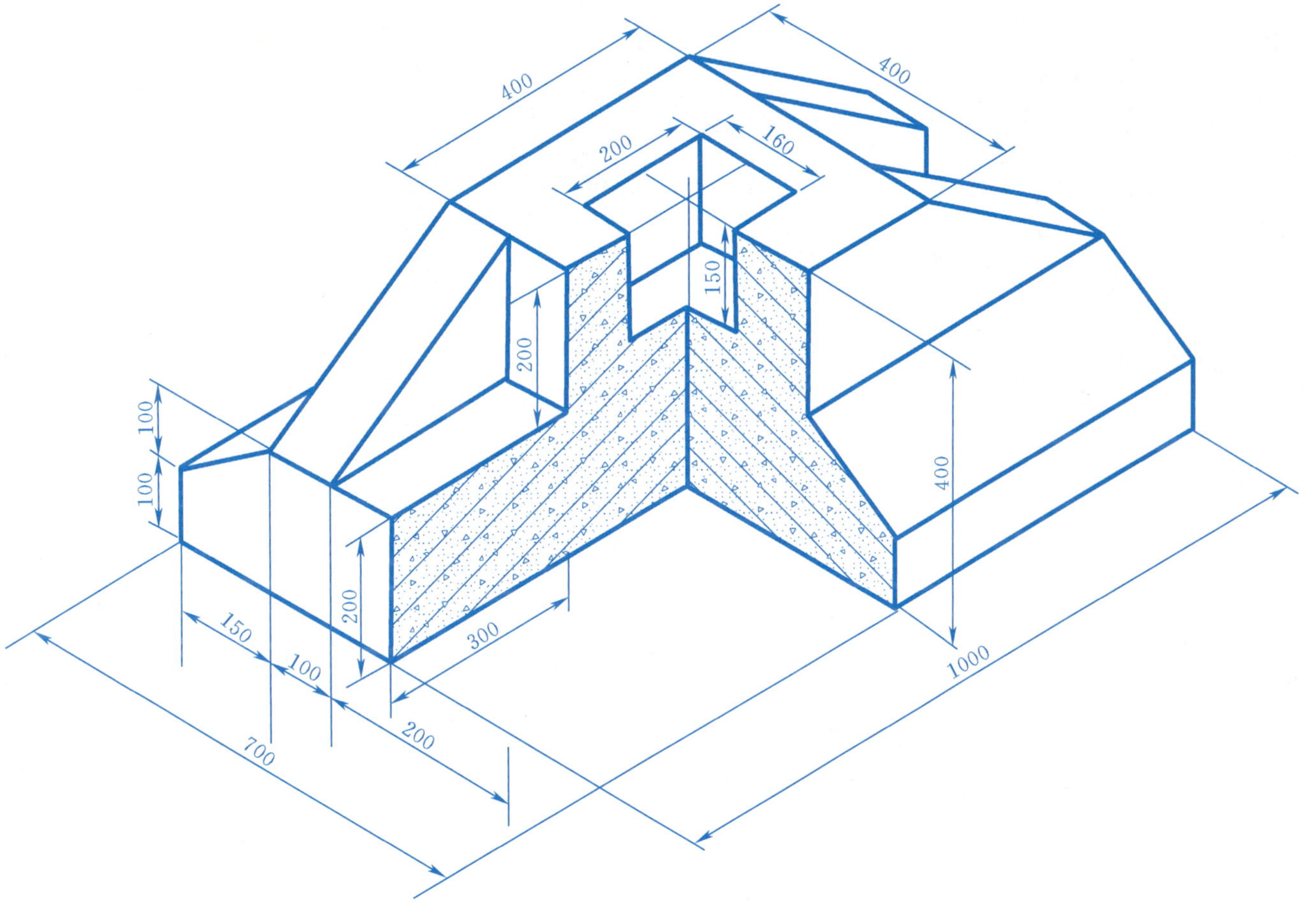

2.

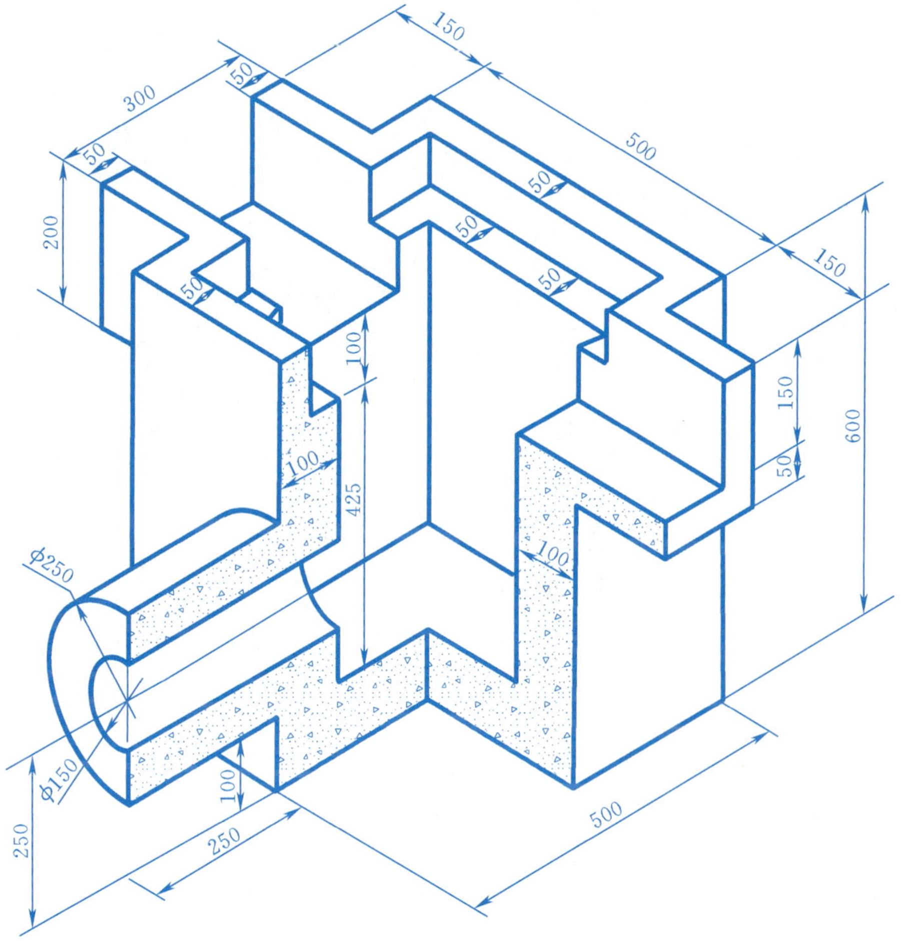

6—9 工程形体综合练习

班级		姓名		学号		页次	33

根据给定物体的特点，选择合适的表达方案，用 1∶1 的比例画在 A3 图纸上。

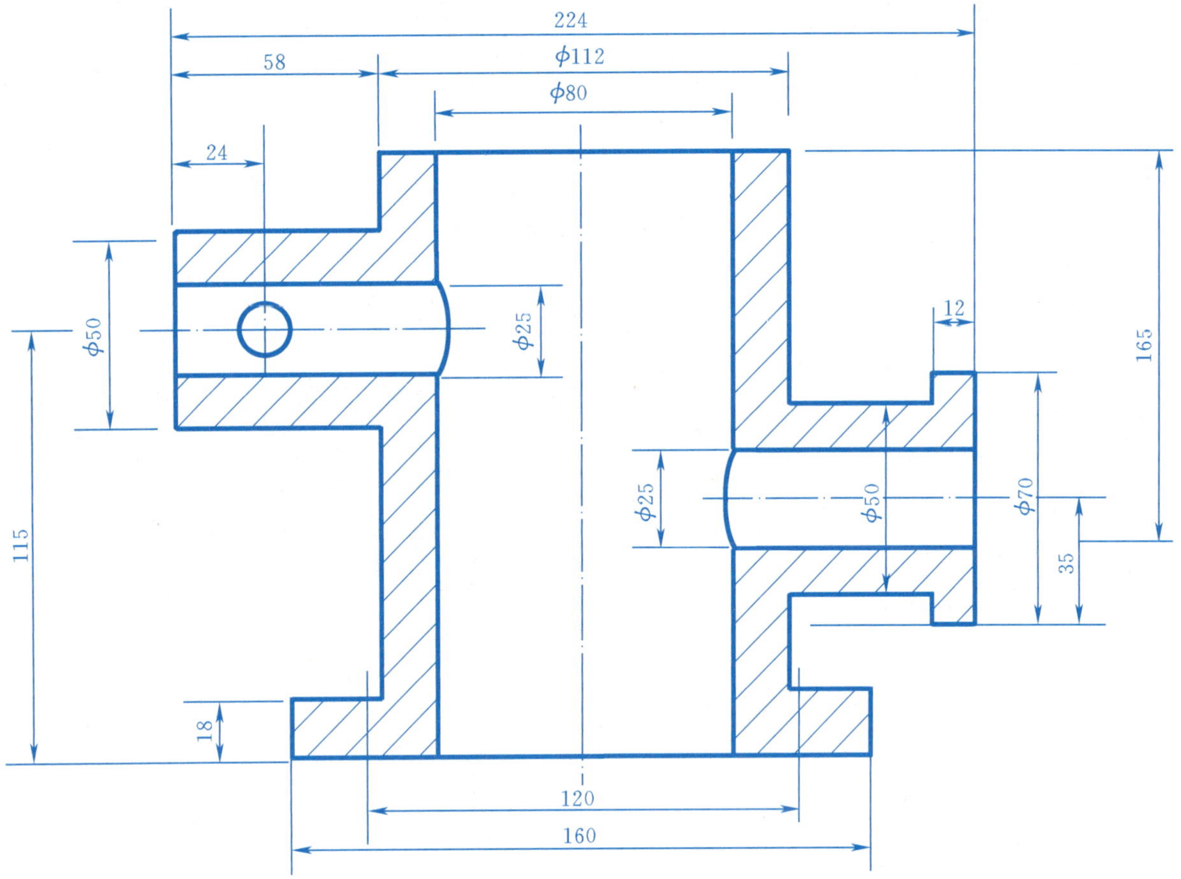

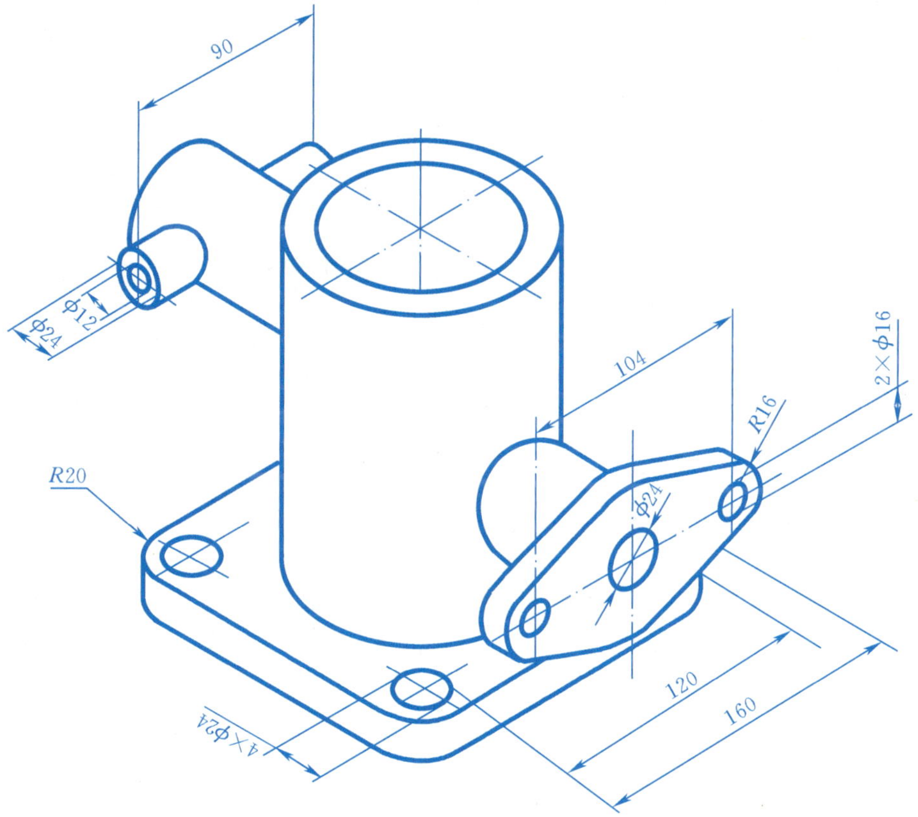

7—1 直线、平面的标高投影	班级		姓名		学号		页次	34

1. 已知直线AB两端点的高程，求该线段的坡度i，并定出线段上高程为整数的各点(比例1∶100，图解法、数解法均可)。

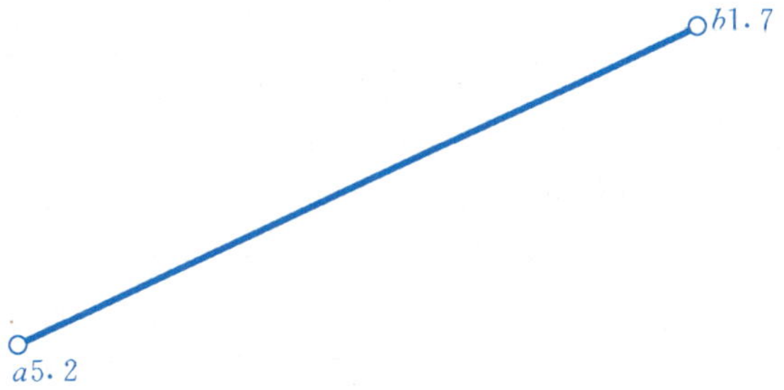

$i=$

2. 已知平面ABC三点的高程，画出该平面上高程为5m、6m、7m的等高线(比例1∶100，图解法、数解法均可)。

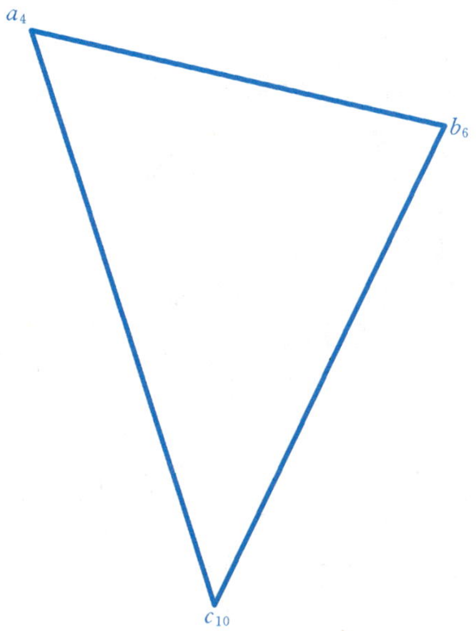

3. 在高程为－4m的地面上开挖一高程为－6m的基坑，挖方边坡为2∶1，求作开挖线及坡面交线(比例1∶100)。

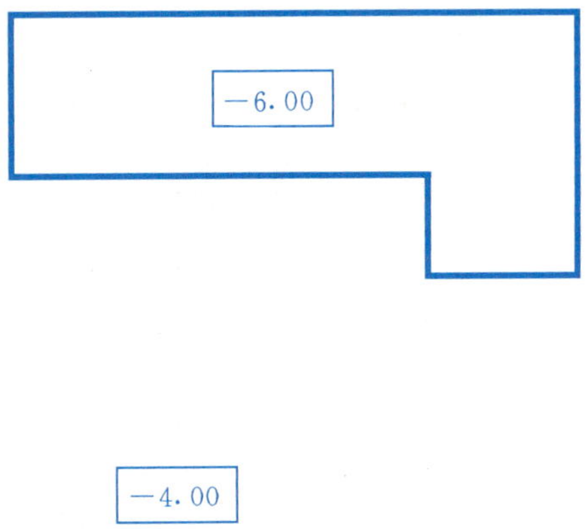

4. 在高程为－4m的地面上开挖一高程为－6m基坑，挖方边坡为2∶1，求作开挖线及坡面交线(比例1∶100)。

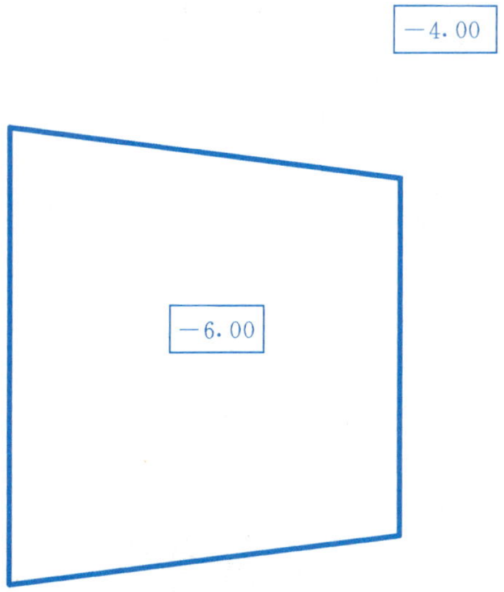

1. 在高程为0m 的地面上筑一高程3m 的平台，下图均为平台一角，求作坡脚线及坡面交线(比例1∶200)。

(1)

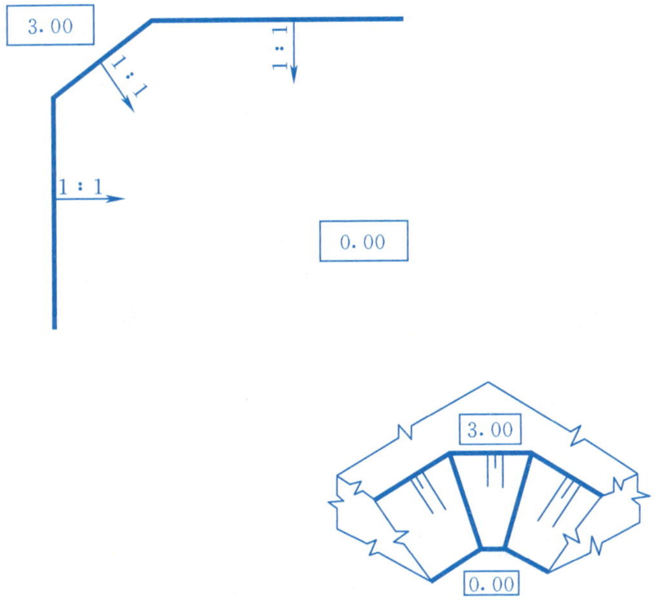

(2)

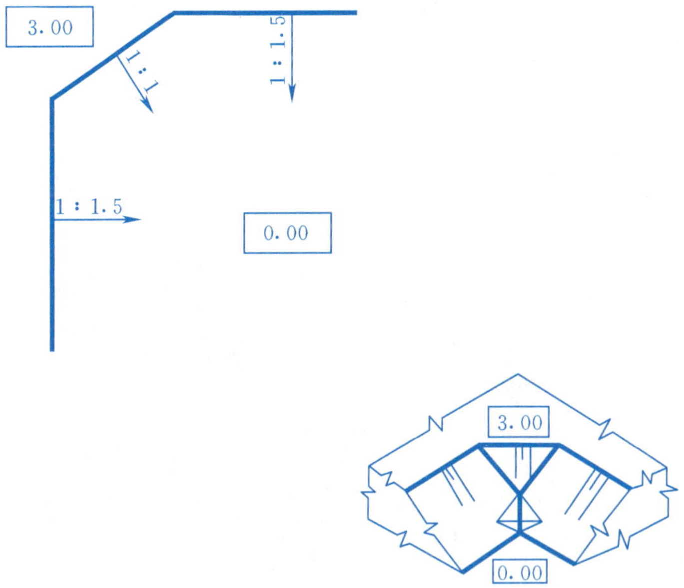

(3)

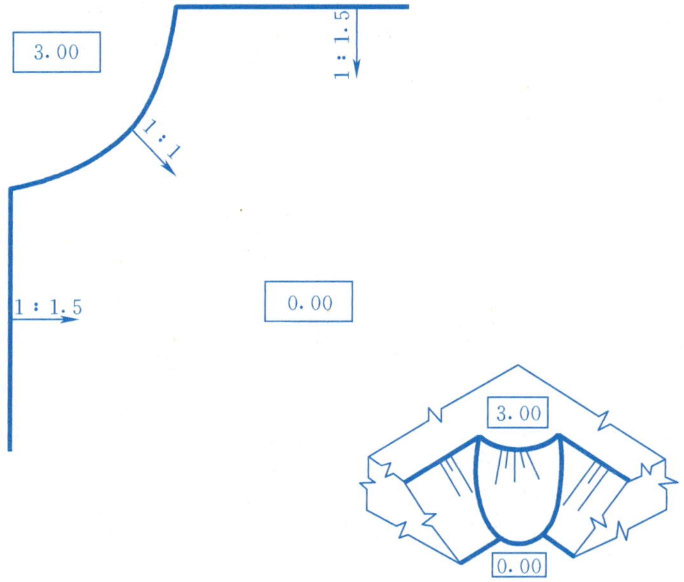

2. 用一斜坡引道连接平台与地面，高程及边坡如图所示，求作坡脚线及坡面交线。

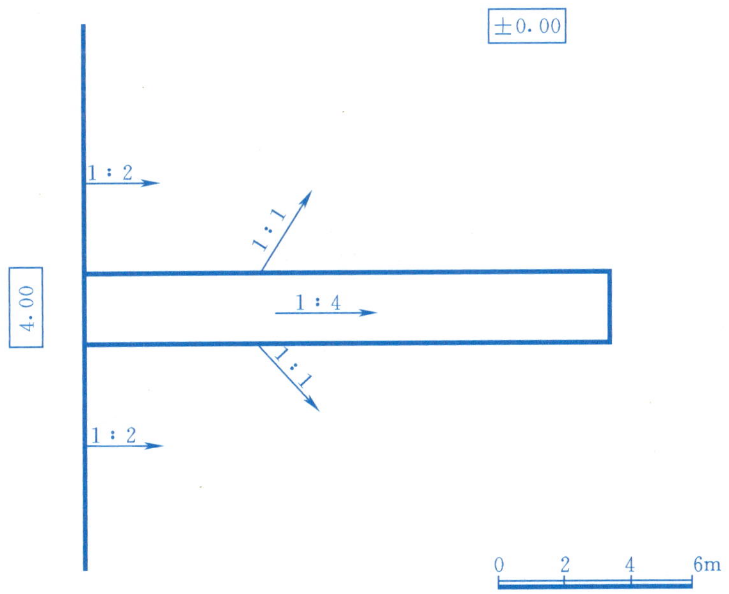

3. 求作坝顶、坝面与河底、河岸间的交线。

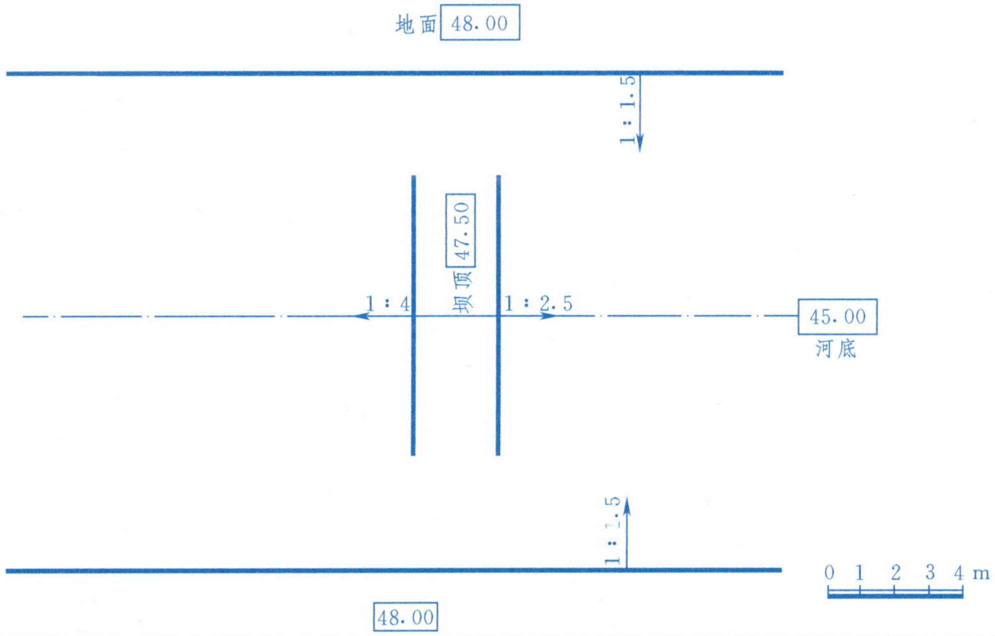

1. 已知土坝设计断面、地形图和坝轴线位置，求作：

（1）土坝平面图。

（2）土坝及地形的1—1断面（比例1∶1000）。

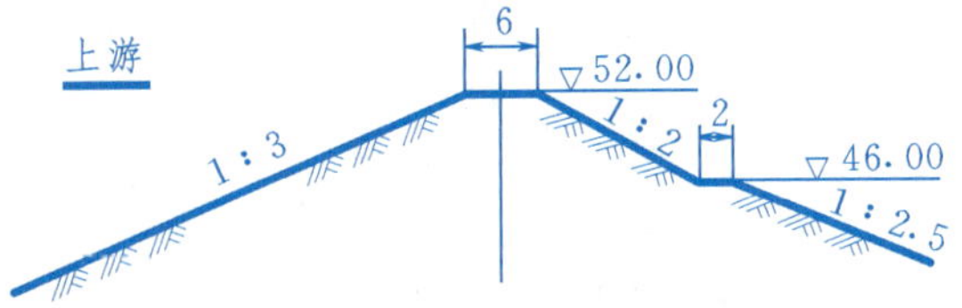

土坝设计断面

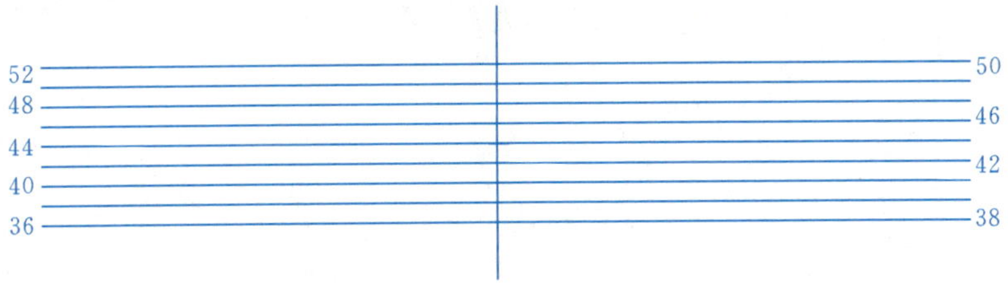

1—1

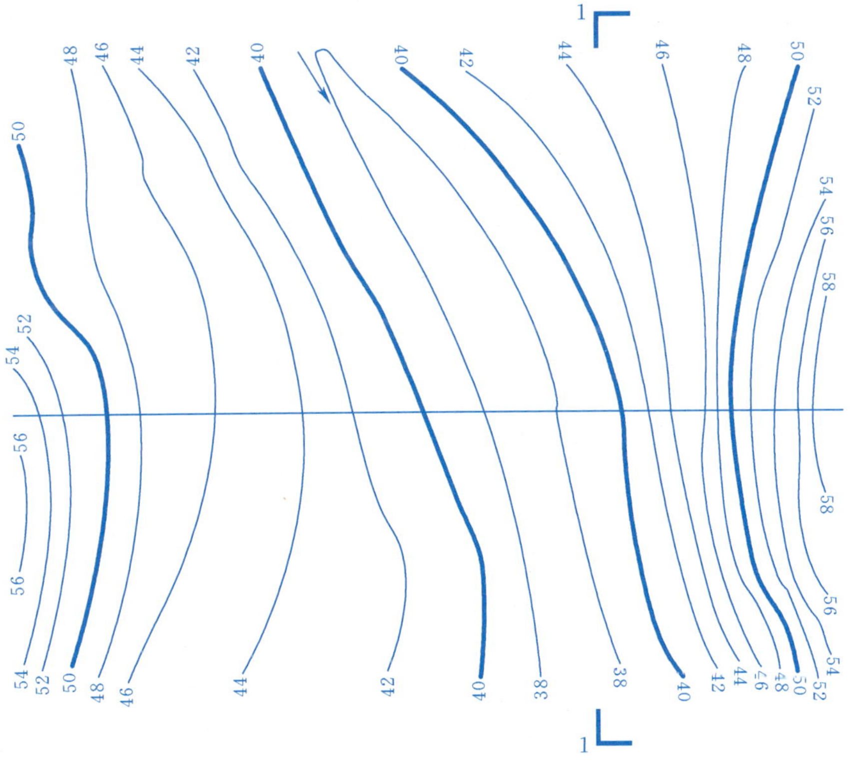

土坝平面图

2. 在同坡上开筑一水平场地，其高程为121m，已知挖方边坡1∶1，填方边坡为1∶1.5，求开挖线、坡脚线和坡面交线（比例1∶200）。

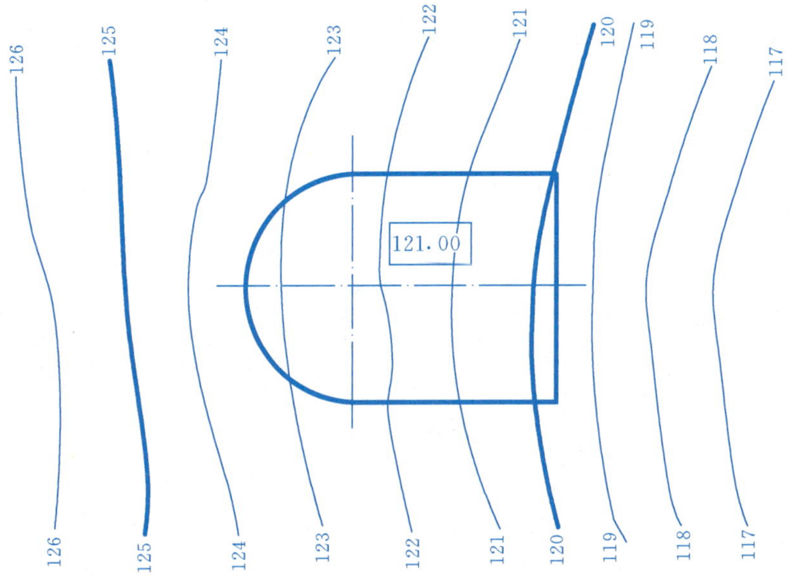

3. 已知路面高程为46m，填方坡度2∶3，挖方坡度1∶1，求坡面与地形面的交线。

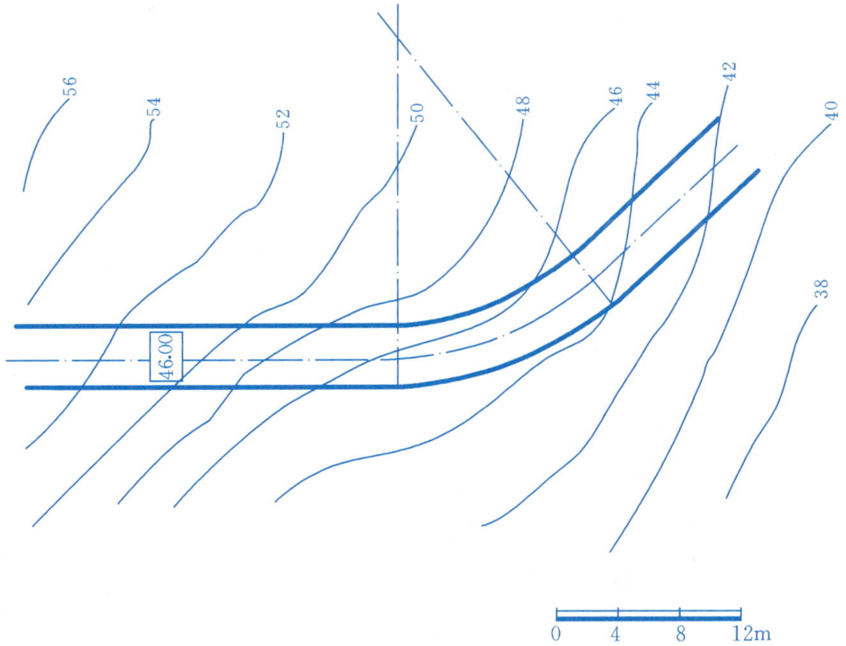

第八章 水利工程图

8—1 工程形体的投影	班级		姓名		学号		页次	37

1. 求斜椭圆柱上A、B、C三点的水平投影。

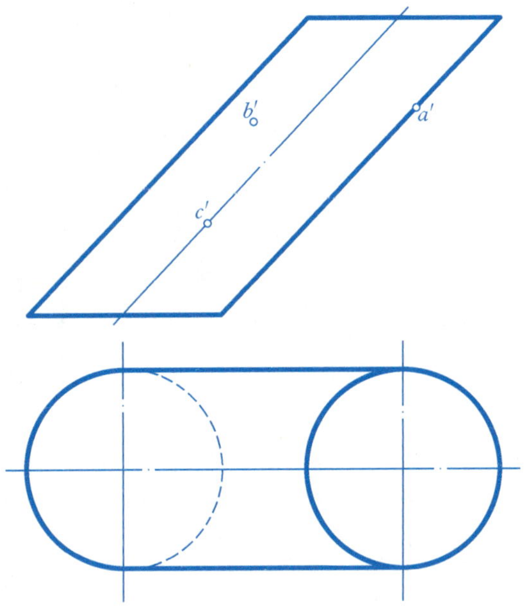

2. 完成斜椭圆锥的两面投影。

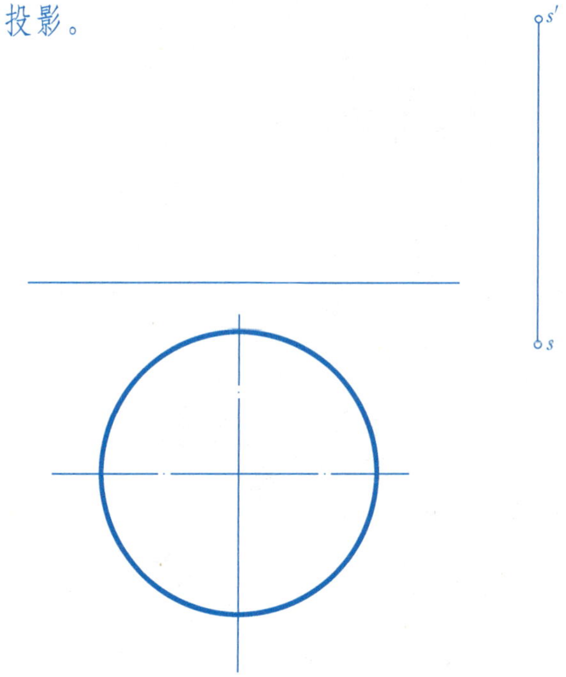

3. 求护坡处正圆柱与斜坡面的交线。

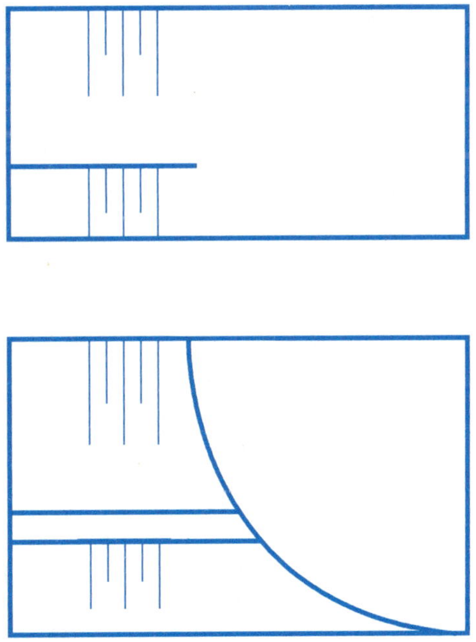

4. 求渠道接头处1/4正圆锥与斜坡面的交线。

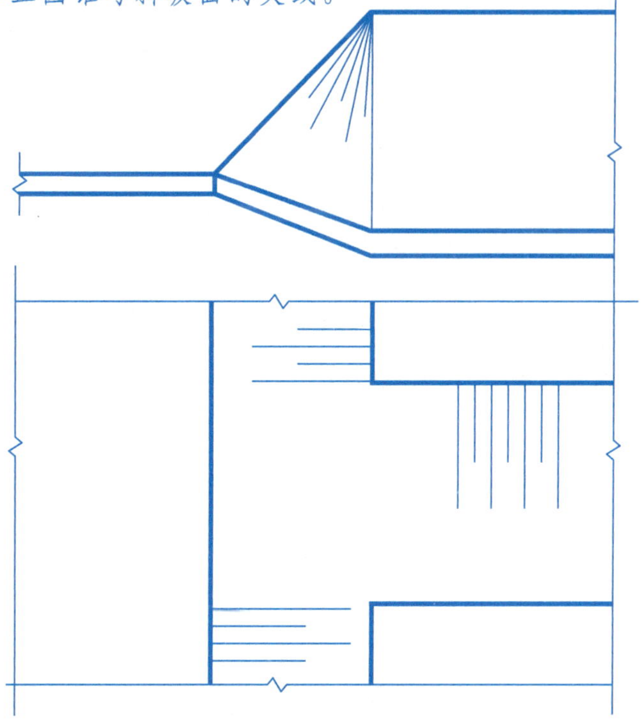

8—2 渐变面与扭面	班级		姓名		学号		页次	38

1. 画出组合面的1—1、2—2断面图。

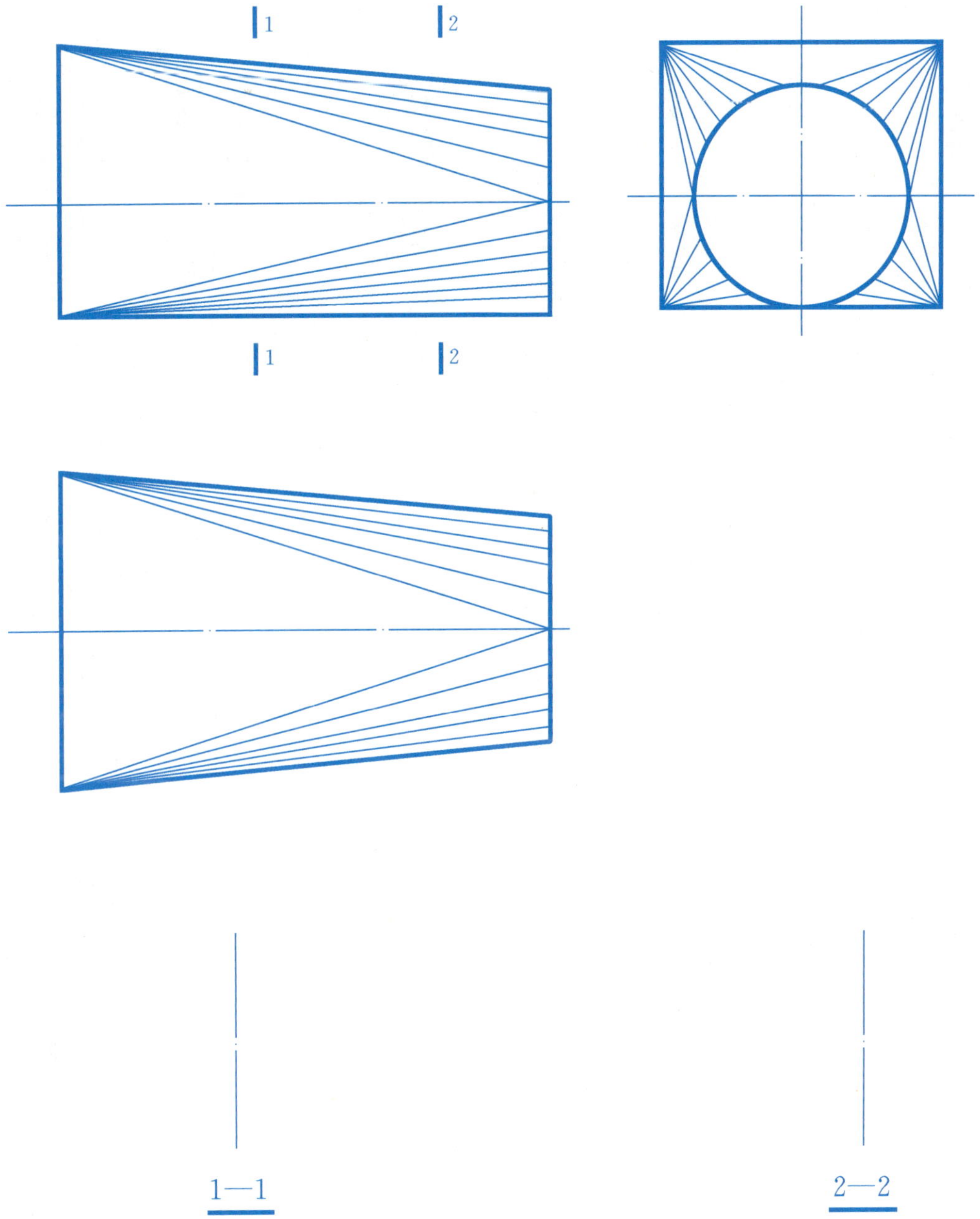

2. 画出扭曲面翼墙段的 *A*—*A* 剖视图和 *B*—*B*、1—1、2—2 断面图。

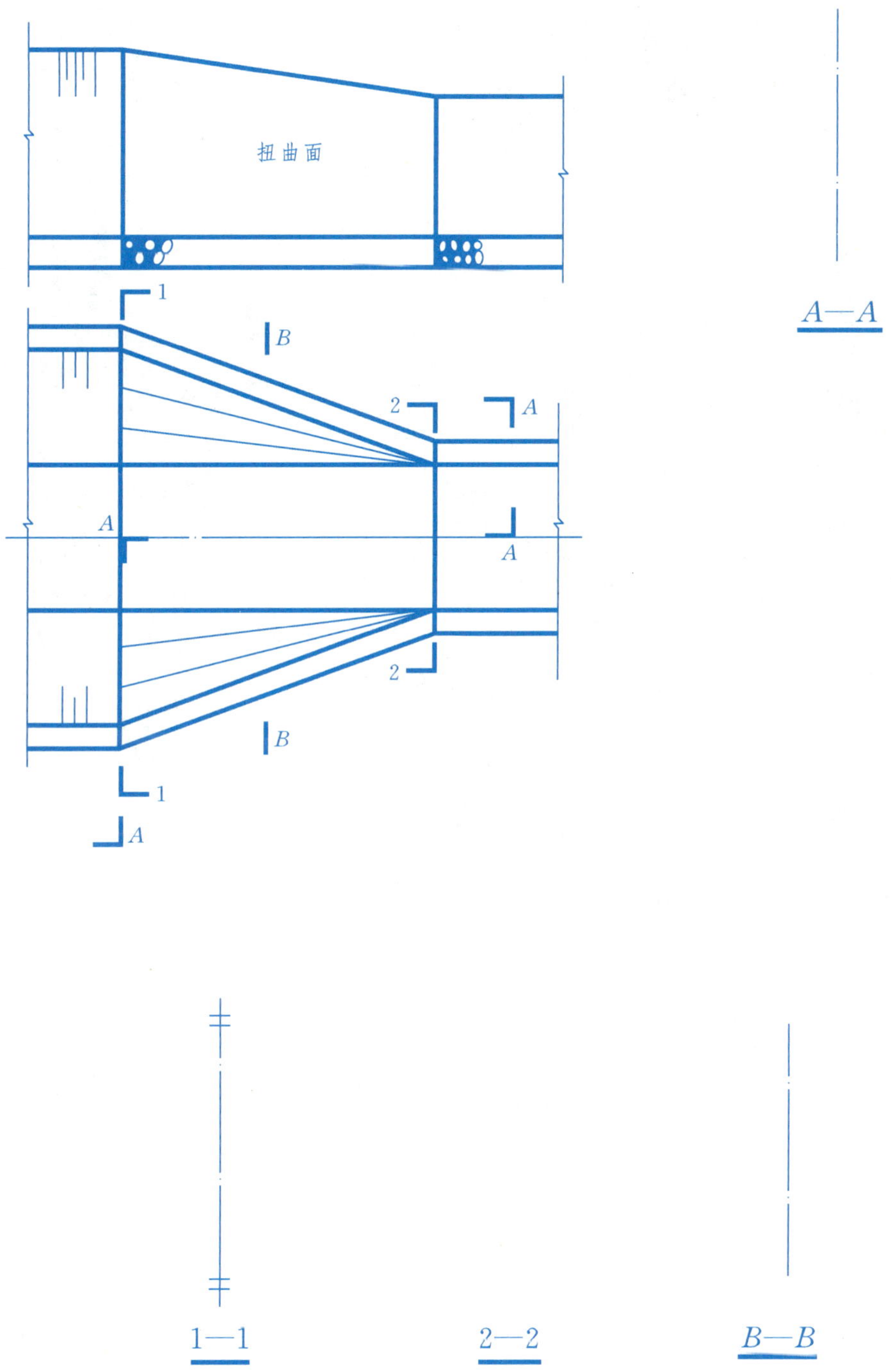

8—3 抄绘水闸设计图（在A2图纸上抄绘水闸设计图，比例1∶100）

班级		姓名		学号		页次	39

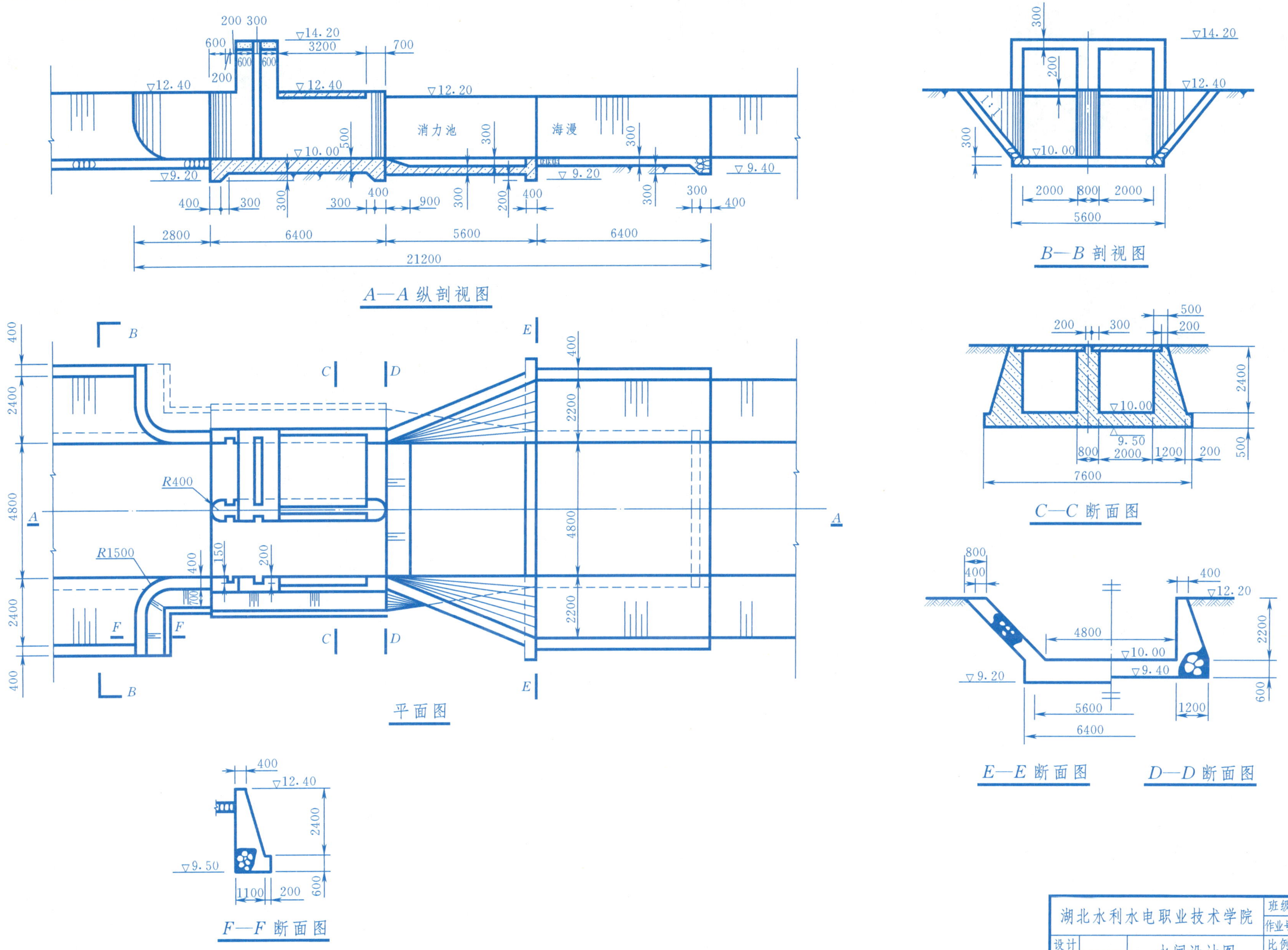

湖北水利水电职业技术学院		班级	
		作业号	
设计	水闸设计图	比例	1∶100
审核		日期	

一、水闸读图填空题（见8—3水闸设计图）

1. 水闸是一种________的水工建筑物。其作用的是________、________。该水闸由________、________、________三部分组成。
2. 该水闸用平面图、________和________剖视图及________断面图来表达。
3. 平面图前半部分采用________表示法。闸室段的工作桥和交通采用________表示法。*B—B*剖视图采用________画法。
4. 上游连接段的断面形状是________，用________材料。消力池和海漫所用的材料分别是________和________。
5. 闸室长________m，宽________m，有________孔，底板顶面高程________m。
6. 下游连接段采用________结构对河渠底部进行保护和消能。

二、单项选择题

1. 水工图是用于什么的图？(　　)
   (a) 交通事业　(b) 城市建筑事业　(c) 水利事业　(d) 城市给水事业
2. 地形图是在什么阶段绘制的？(　　)
   (a) 施工　(b) 初步设计　(c) 技术设计　(d) 勘测
3. 下列哪个图是规划图？(　　)
   (a) 房屋的平面图　(b) 灌区的平面图　(c) 钢筋分布图　(d) 上下游立面图
4. 建筑结构图是在什么阶段绘制的？(　　)
   (a) 规划设计　(b) 施工设计　(c) 技术设计　(d) 勘测设计
5. 下列哪个图是施工阶段绘制的？(　　)
   (a) 地质图　(b) 枢纽布置图　(c) 土坝平面图　(d) 基础开挖图
6. 竣工图是在什么阶段绘制的？(　　)
   (a) 施工阶段　(b) 规划阶段　(c) 竣工阶段　(d) 初设阶段
7. 圆柱曲面的素线投影画法是(　　)。
   (a) 从轴线到轮廓线之间，由稀到密地画细实线　(b)在曲面的投影范围等分画素线
   (c) 按视图中间密两边稀画素线　(d) 按中间稀两边密画粗实线素线
8. 圆锥曲面上素线应该是(　　)。
   (a) 不过锥顶　(b) 通过锥顶　(c) 粗实线　(d) 同心圆
9. 扭曲面侧面投影上的素线是(　　)。
   (a) 平行于水平面　(b) 平行于侧平面　(c) 平行于正平面　(d) 一般位置线
10. 坝体平面布置图上的水流方向应该是(　　)。
    (a) 从左到右　(b) 从下向上　(c) 自上而下　(d) 任意方向
11. 水闸沿长度方向的剖视是(　　)。
    (a) 横剖视图　(b) 局部剖视图　(c) 纵断面图　(d) 纵剖视图
12. 扭曲面边墙中间的剖面形状是(　　)。
    (a) 矩形　(b) 平行四边形　(c) 菱形　(d) 梯形
13. 水闸的平面图沿对称线只画一半是(　　)。
    (a) 半剖视图　(b) 省略画法　(c) 纵剖视图　(d) 全剖视图
14. 水闸一半画上游半立面、一半画下游半立面的视图是(　　)。
    (a) 阶梯剖视　(b) 半剖视图　(c) 纵向剖视　(d) 合成视图
15. 沿水闸的圆弧中心线剖切开，画出"剖视图"的投影方法是(　　)。
    (a) 正投影法　(b) 平行投影法　(c) 柱面投影法　(d) 中心投影法
16. 某水闸平面图上，在中心线两侧一半画有桥，一半没画桥，这是(　　)。
    (a) 采用拆卸画法　(b) 只建半个桥　(c) 画图的失误　(d) 投影错误
17. 求作某水闸平面图上的消力池中排水孔，已经画出几个圆孔，其余的只画出中心线，采用的是什么画法？(　　)
    (a) 省略画法　(b) 拆卸画法　(c) 折断画法　(d) 示意画法
18. 水闸纵剖视中，剖切平面剖到了闸墩，闸墩应该按什么画？(　　)
    (a) 剖面图　(b) 剖视图　(c) 不受剖画法　(d) 立面图
19. 配筋图采用的投影方法是(　　)。
    (a) 中心投影法　(b) 正投影法　(c) 轴测投影法　(d) 斜投影法
20. 钢筋混凝土结构剖面图上应该(　　)。
    (a) 画材料符号　(b) 把结构轮廓画成粗实线　(c) 把钢筋投影画成虚线
    (d)把结构轮廓画成细实线

1. 阅读钢筋混凝土板的结构图，在钢筋表内填写各种钢筋的编号、直径和根数，并画出示意图。

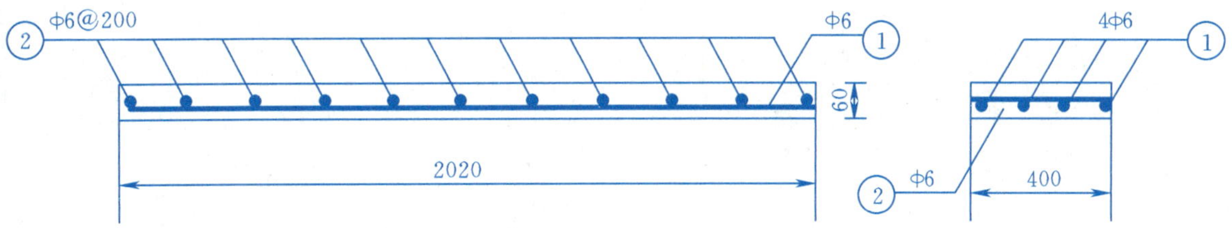

钢筋表

编号	示意图	直径	根数

2. 画出钢筋混凝土结构梁的2—2、3—3剖面图。

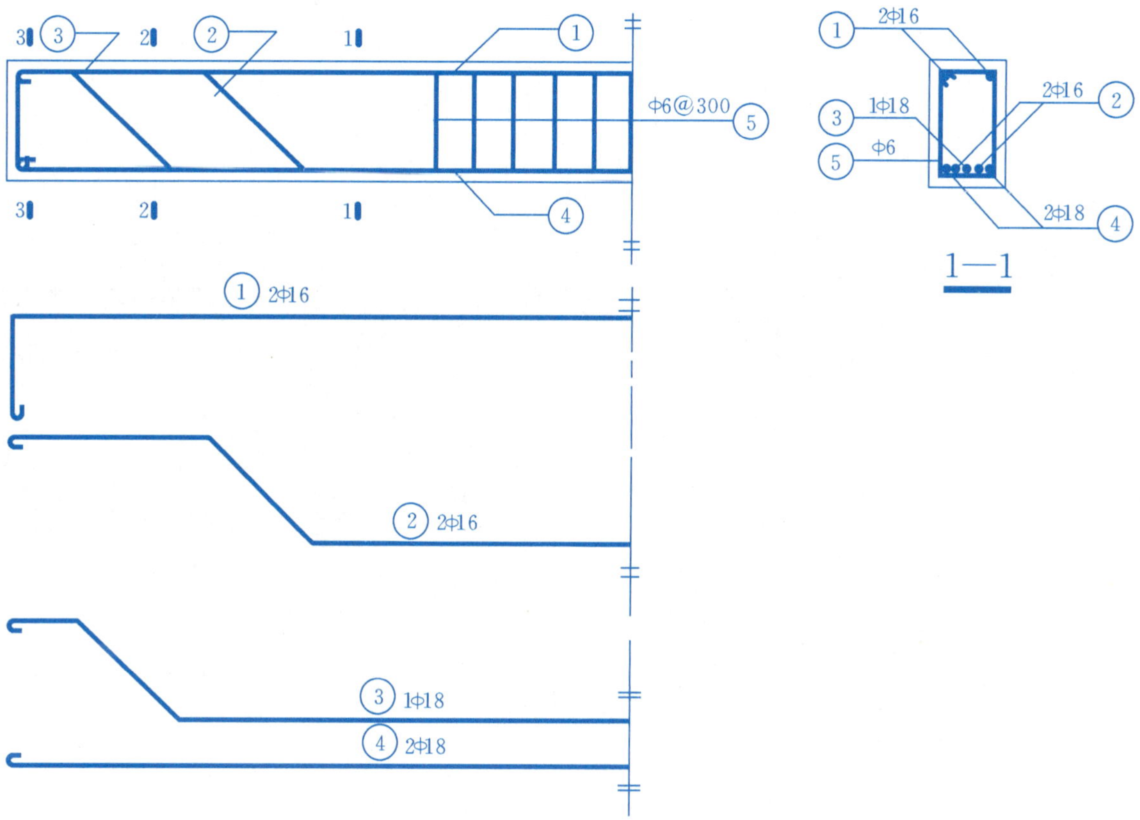

2—2

3—3

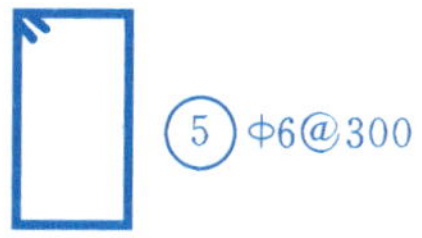

班级		姓名		学号		页次	42

1. 绘制图9—1中的图形。

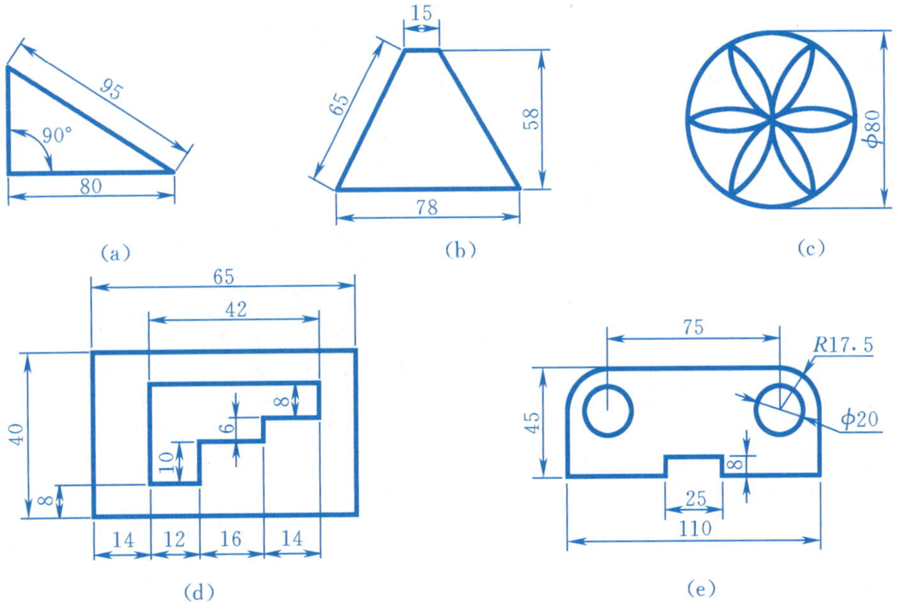

图9—1

2. 根据图9—2所示的相关尺寸，绘制图形，注意倒角、阵列、删除等编辑。

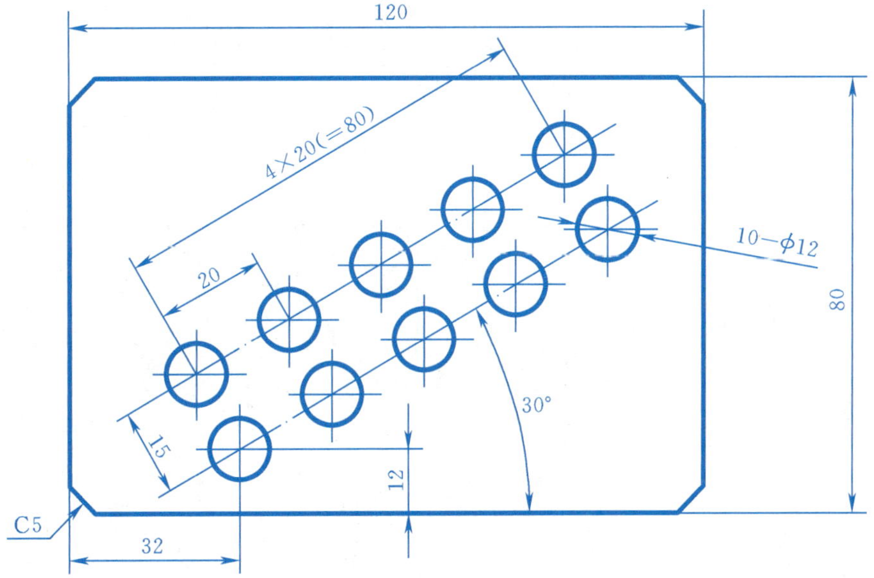

图9—2

3. 根据图9—3所示的相关尺寸，绘制图形。

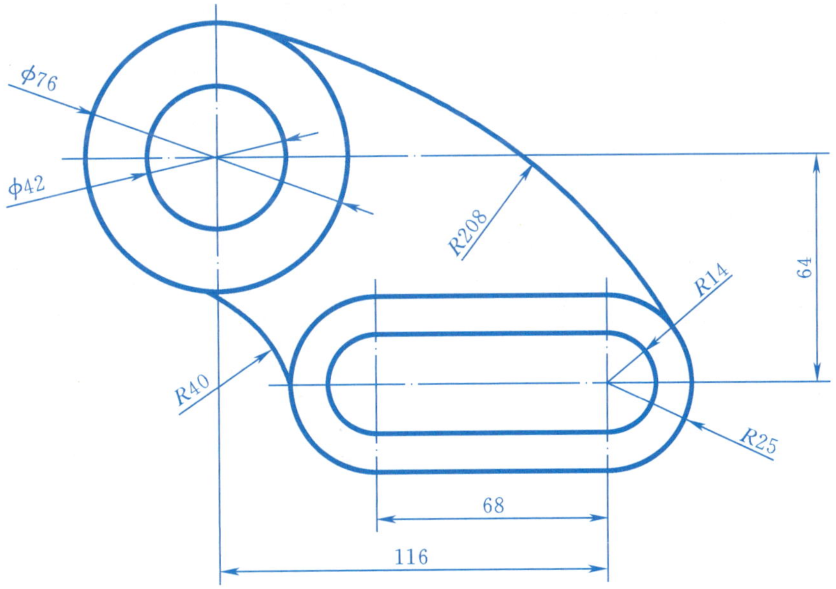

图9—3

4. 依例画图：绘制五角星。

要绘制如图9—4所示的五角星，操作步骤如下：①启动AutoCAD，建立一个新图形文件；②设置绘图极限(0，0)(200，100)；③设置所用单位与精度；④设置所用图层及图层线型、图层颜色等；⑤绘制大五角星（外接圆半径为15)；⑥绘制四个小五角星（大五角星缩小0.5)；⑦填充图案；⑧画出如图9—4所示的图形，以“wujiaoxing.dwg”为文件名存盘。

图9—4

5. 绘制如图9—5所示房屋建筑设计图，并进行尺寸标注。

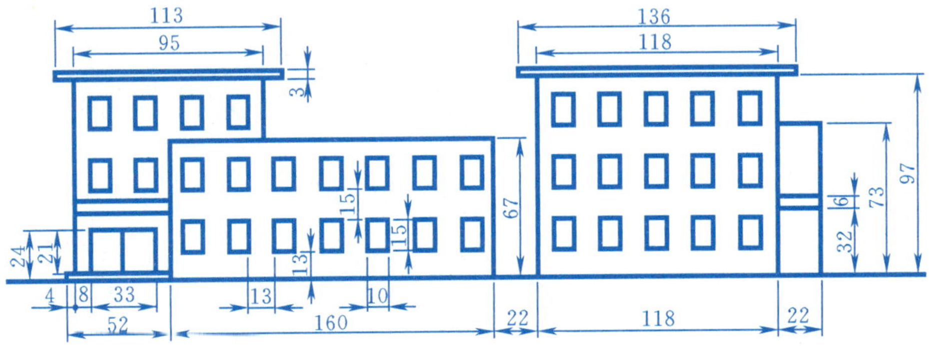

图9—5

班级		姓名		学号		页次	44

1. 绘制边长为90的五角星如图10—1所示。

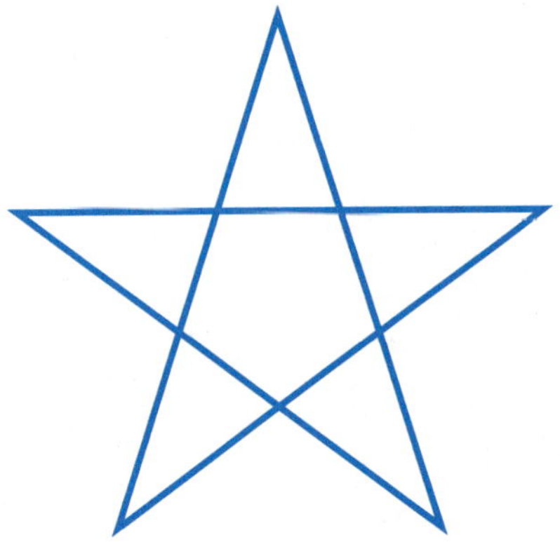

图10—1

评分标准：基本图形绘制完整100分。

2. 绘制图10—2所示图形。

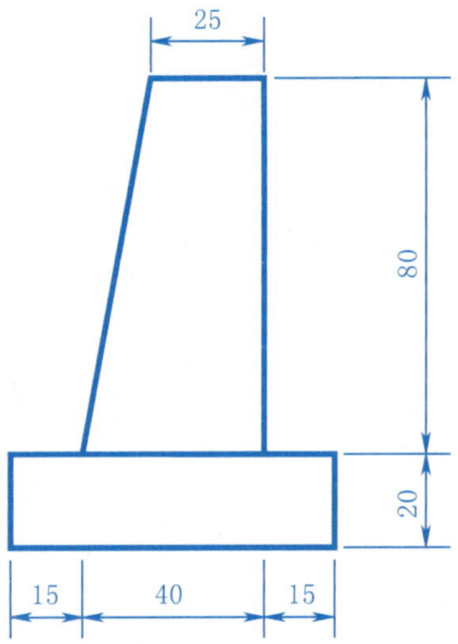

图10—2

评分标准：1.基本图形绘制完整60分。
2.文字、尺寸标注完整40分。

3. 利用极轴追踪绘制图10—3所示门栓。

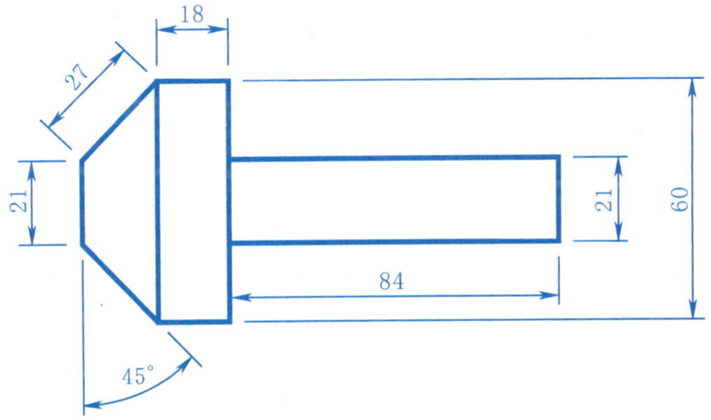

图10—3

评分标准：1. 基本图形绘制完整60分。
2. 角度标注准确、清晰20分。
3. 尺寸标注准确、清晰20分。

4. 利用相对极坐标，延伸、修剪，绘制图10—4。

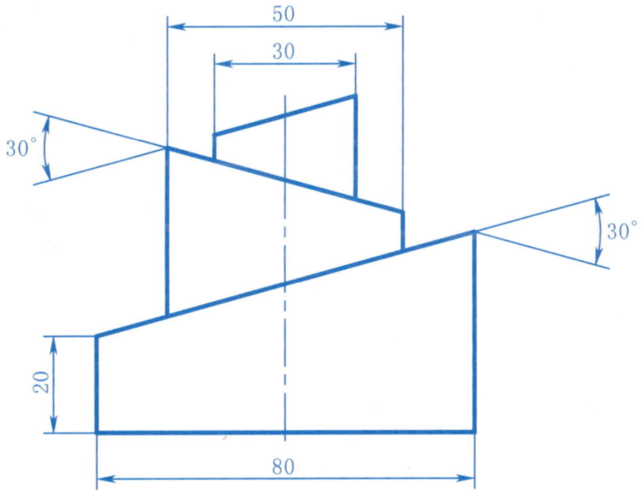

图10—4

评分标准：1.基本图形绘制完整60分。
2.所有标注完整、清晰40分。

班级		姓名		学号		页次	45

5．利用圆、点的定数等分、延伸、修剪，绘制图10—5。

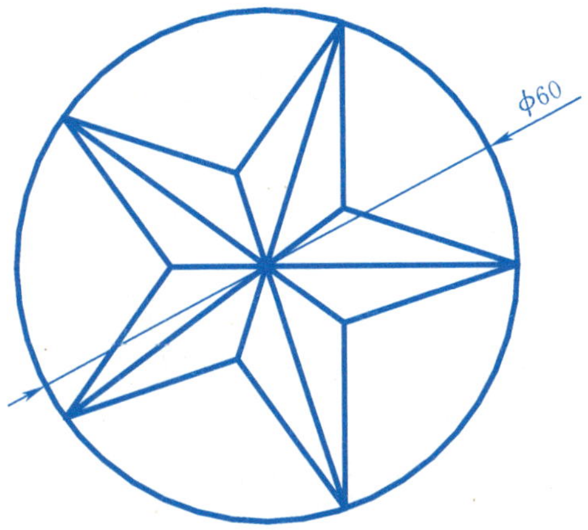

图10—5

评分标准：1.基本图形绘制完整60分。
2.所有标注完整、清晰40分。

6．利用正多边形、圆绘制图10—6。

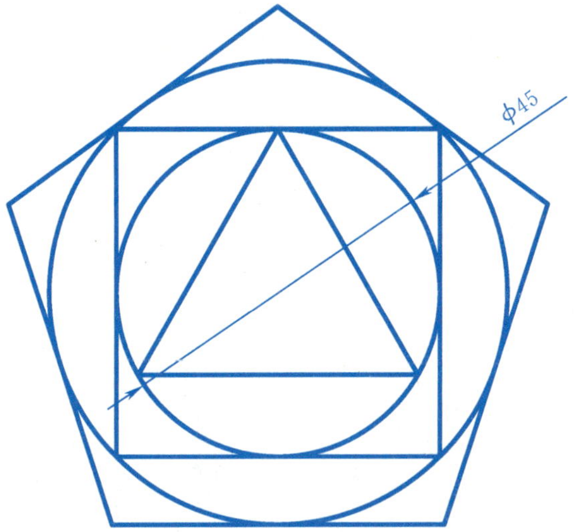

图10—6

评分标准：1.基本图形绘制完整60分。
2.所有标注完整、清晰40分。

7．利用点的定数等分、圆、多段线，绘制图10—7。

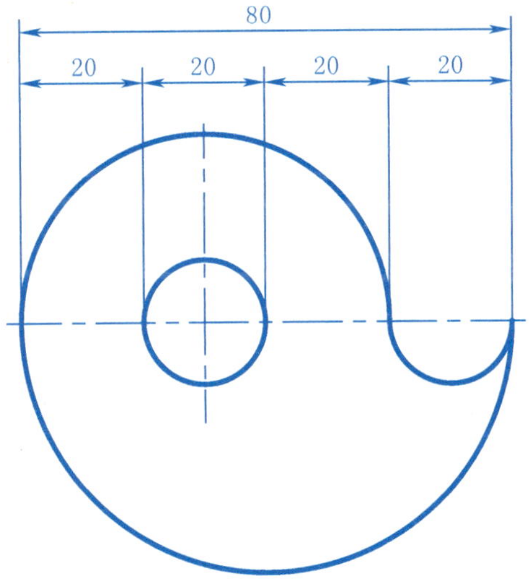

图10—7

评分标准：1.基本图形绘制完整60分。
2.所有标注完整、清晰40分。

8．利用正方形分解、点的定数等分、环形阵列，绘制图10—8。

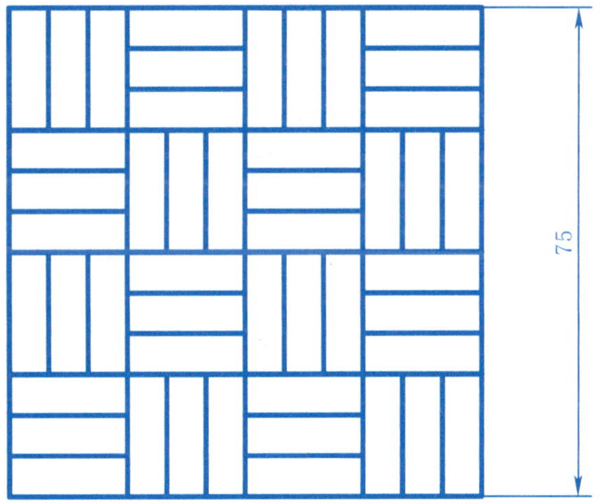

图10—8

评分标准：1.基本图形绘制完整60分。
2.所有标注完整、清晰40分。

班级		姓名		学号		页次	46

9. 利用直线、圆、修剪等命令绘制图10—9。

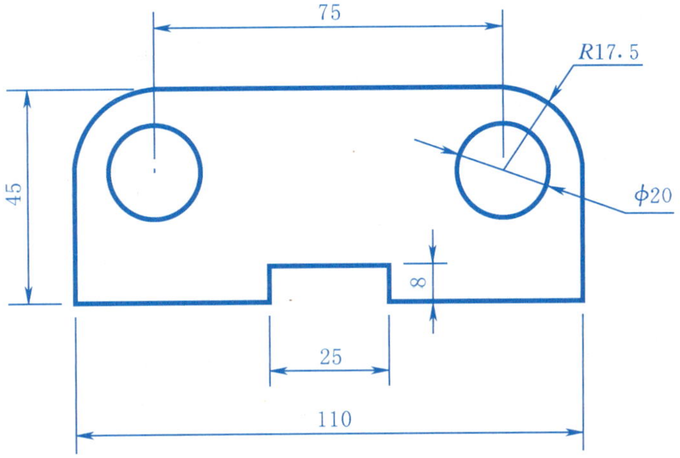

图10—9

评分标准：1.基本图形绘制完整60分。
2.所有标注完整、清晰40分。

10. 利用直线、圆、修剪等命令绘制图10—10。

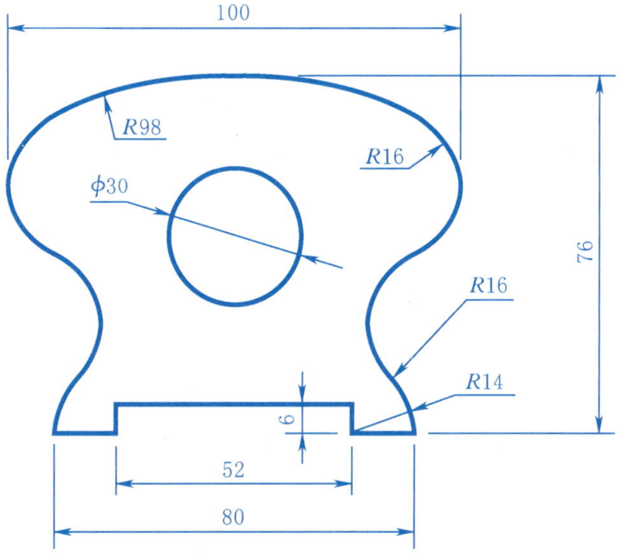

图10—10

评分标准：1.基本图形绘制完整60分。
2.所有标注完整、清晰40分。

11. 绘制图10—11所示的四棱台投影图。

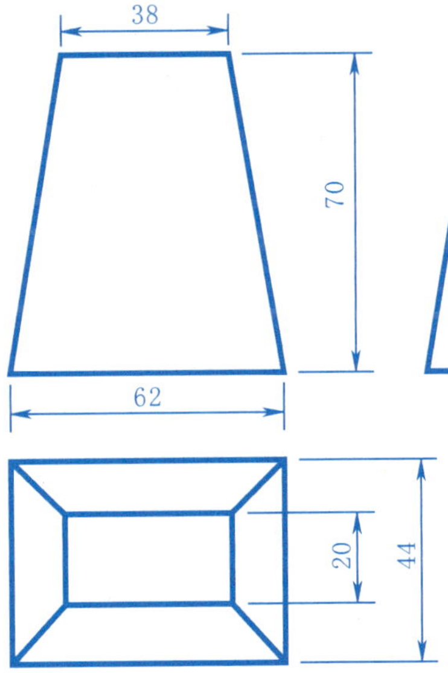

图10—11

评分标准：1.基本图形绘制完整60分。
2.所有标注完整、清晰40分。

12. 绘制图10—12所示的正六棱柱投影图。

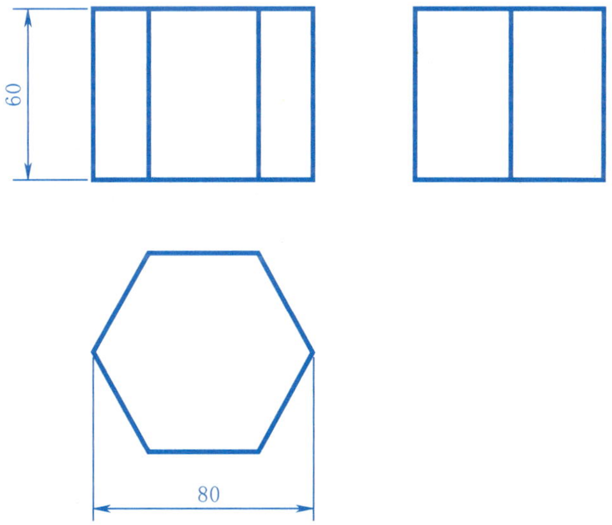

图10—12

评分标准：1.基本图形绘制完整60分。
2.所有标注完整、清晰40分。

13. 利用阵列命令绘制图10—13所示的房屋建筑设计图。

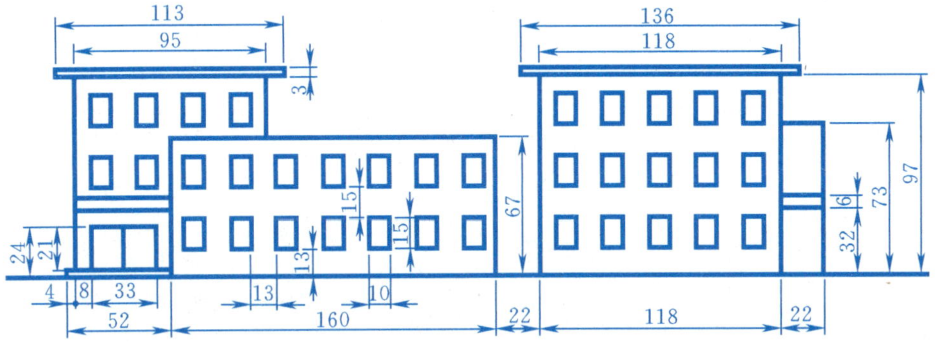

图10—13

评分标准：1.基本图形绘制完整60分。

2.所有标注完整、清晰40分。

答 案 解 析

第一章 制图的基本知识

P1 P2－1 P2－2 P2－3 P2－4 P4－1 P4－2 P4－3 P5－1 P5－2

第二章 投影的基本知识

P6－1 P6－2 P6－3 P6－4 P6－5 P6－6 P7－7 P7－8 P7－9 P7－10

P7－11 P7－12 P8－1 P8－2 P8－3 P8－4 P8－5 P8－6 P8－7 P8－8

P8－9 拓展 P8－1 拓展 P8－2 拓展 P8－3 拓展 P8－4 拓展 P8－5 拓展 P8－6 拓展 P8－7 拓展 P8－8 P9－10

P9－11 P9－12 P9－13 P9－14 P9－15 P9－16 P9－17 P9－18 P10－1 P10－2

P10－3 P10－4 P10－5 P10－6 P10－7 P10－8 P10－9 拓展 P10－1 拓展 P10－2 拓展 P10－3

拓展 P10－4 拓展 P10－5 拓展 P10－6 拓展 P10－7 拓展 P10－8 拓展 P10－9 拓展 P10－10 拓展 P10－11 拓展 P10－12 拓展 P10－13

P11－1 P11－2 P11－3 P11－4 P11－5 P11－6 P11－7 P11－8 P11－9

第三章　点、线、面的投影

P12－1 P12－2 P12－3 P12－4 P12－5 P12－6 P13－1 P13－2 P13－3 P13－4

P13－5 P13－6 P14－1（1） P14－1（2） P14－1（3） P14－2 P14－3 P14－4 P15－1 P15－2

P15－3 P15－4 P15－5 P15－6

第四章　轴测图

P16 - 1　P16 - 2　P16 - 3　P16 - 4　P16 - 5　P16 - 6　拓展 P16 - 1　拓展 P16 - 2　拓展 P16 - 3　P17 - 1

P17 - 2　P17 - 3　P17 - 4　拓展 P17 - 1　拓展 P17 - 2

第五章　组合体

P18 - 1　P18 - 2　P18 - 2　P18 - 4　拓展 P18 - 1　拓展 P18 - 2　P19 - 1　P19 - 2　P19 - 3　P19 - 4

P20 - 1　P21 - 1　P21 - 2　P21 - 3　P21 - 4　P21 - 5　P21 - 6　P22 - 1　P22 - 2　P22 - 3

P22 - 4　P22 - 5　P22 - 6　P22 - 7　P22 - 8　P23 - 9　P23 - 10　P23 - 11　P23 - 12　P23 - 13

P23 - 14　P23 - 15　P23 - 16　P24 - 17　P24 - 18　P24 - 19　P24 - 20　P24 - 21　P24 - 22　P24 - 23

P24 - 24　拓展 P24 - 1　拓展 P24 - 2　拓展 P24 - 3　拓展 P24 - 4　拓展 P24 - 5　拓展 P24 - 6　拓展 P24 - 7

第六章　视图、剖视图和断面图

P25 - 1　P25 - 2　P25 - 3　P25 - 4　P26 - 1（1）　P26 - 1（2）　P26 - 1（3）　P26 - 1（4）　P26 - 2　P26 - 3

拓展 P26 - 1　拓展 P26 - 2　P27 - 4　P27 - 5　P27 - 6（1）　P27 - 6（2）　拓展 P27 - 1　拓展 P27 - 2　P28 - 1　P28 - 2（1）

P28 - 2（2）　P28 - 3（1）　P28 - 3（2）　P29 - 1　P29 - 2　P29 - 3　P29 - 4　P30 - 1　P30 - 2　P30 - 3

P30 - 4　拓展 P30 - 1　拓展 P30 - 2　P31　P32 - 1　P32 - 2　P33

第七章　标高投影

P34 - 1　P34 - 2　P34 - 3　P34 - 4　P35 - 1（1）　P35 - 1（2）　P35 - 1（3）　P35 - 2　P35 - 3　P36 - 1

P36－2　　P36－3

第八章　水利工程图

P37－1　　P37－2　　P37－3　　P37－4　　P38－1　　P38－2　　P40　　P41－1　　P41－2